APQP in der Luftfahrtindustrie nach DIN EN 9145:2019

Jetzt diesen Titel zusätzlich als E-Book downloaden und 70 % sparen!

Als Käufer dieses Buchtitels haben Sie Anspruch auf ein besonderes Kombi-Angebot: Sie können den Titel zusätzlich zum Ihnen vorliegenden gedruckten Exemplar für nur 30 % des Normalpreises als E-Book beziehen.

Der BESONDERE VORTEIL: Im E-Book recherchieren Sie in Sekundenschnelle die gewünschten Themen und Textpassagen. Denn die E-Book-Variante ist mit einer komfortablen Volltextsuche ausgestattet!

Deshalb: Zögern Sie nicht. Laden Sie sich am besten gleich Ihre persönliche E-Book-Ausgabe dieses Titels herunter.

In 3 einfachen Schritten zum E-Book:

1. Rufen Sie die Website **www.beuth.de/e-book** auf.

2. Geben Sie hier Ihren persönlichen, nur einmal verwendbaren E-Book-Code ein:

   30326769CK9C8F5

3. Klicken Sie das „Download-Feld" an und gehen dann weiter zum Warenkorb. Führen Sie den normalen Bestellprozess aus.

Hinweis: Der E-Book-Code wurde individuell für Sie als Erwerber dieses Buches erzeugt und darf nicht an Dritte weitergegeben werden. Mit Zurückziehung dieses Buches wird auch der damit verbundene E-Book-Code für den Download ungültig.

APQP in der Luftfahrtindustrie nach DIN EN 9145:2019

Dirk Duwendag

APQP in der Luftfahrtindustrie nach DIN EN 9145:2019

Einführung und nachhaltig profitable Umsetzung

1. Auflage 2021

Herausgeber: DIN Deutsches Institut für Normung e. V.

Beuth Verlag GmbH · Berlin · Wien · Zürich

Mitgewirkt haben:

Grafiken: Kristina Pape

IT-Unterstützung: Martin Daniel Mercado Janer

Herausgeber: DIN Deutsches Institut für Normung e. V.

Berlin · Wien · Zürich
Saatwinkler Damm 42/43
13627 Berlin

Telefon: +49 30 2601-0
Telefax: +49 30 2601-1260
Internet: www.beuth.de
E-Mail: kundenservice@beuth.de

Titelbild: Frank Peters, Nutzung unter Lizenz von adobestock.com
Satz: Beuth Verlag GmbH, Berlin
Druck: Plump Druck & Medien, Rheinbreitbach

Gedruckt auf säurefreiem, alterungsbeständigem Papier nach DIN EN ISO 9706

ISBN 978-3-410-30326-8
ISBN (E-Book) 978-3-410-30327-5

für Peter Kuenzel, Freund und Mentor

Autorenporträt

Dirk Duwendag hat insgesamt mehr als 30 Jahre Erfahrungen in der Luftfahrttechnik gesammelt. Angefangen mit einer Ausbildung als Flugzeugmechaniker der Fachrichtung Triebwerkstechnik in 1987 bei der Lufthansa über eine dreijährige Ausbildung in Betriebswirtschaft, freigabeberechtigtes Personal für Produktion und Instandhaltung in der Qualitätssicherung und Flugerprobung bei Airbus in Hamburg, der Entwicklung von Bauteilen und Auditwesen bei SGS, Lieferantenentwicklung und Einführung von Lean Six Sigma, bis hin zum erfolgreichen selbstständigen Berater und Trainer für Zulieferer der Luftfahrtindustrie weltweit, die letzten 4 Jahre beschäftigt mit der Einführung von APQP in verschiedenen europäischen Unternehmen.

Kontakt: Dirk.Duwendag@aero-qm-consult.com

Vorwort

In meiner langjährigen Arbeit mit APQP und unterstützenden Methoden habe ich oft mit der Interpretation und Übersetzung der englischen Vorgaben, Normen, Anweisungen und Richtlinien gekämpft. Dieses Buch soll es deutschsprachigen Anwendern erleichtern, APQP und PPAP nach DIN EN 9145 zu verstehen und normgetreu umzusetzen. Der Standard stellt die Anforderungen zur Produktqualitätsvorausplanung und zum Produktionsteil-Freigabeverfahren in vergleichbarer Form dar und richtet sich an die Luftfahrt- und Rüstungsindustrie, wie auch die Forderungen an das Qualitätsmanagementsystem insgesamt, beschrieben in der DIN EN ISO 9001.

Es ist in der Luftfahrt gängig, öffentlich zugängliche Arbeitskonzepte auf Englisch zu verfassen. Für ein tief greifendes Verständnis der Thematik und eine fachgerechte Umsetzung kann dies jedoch auch hinderlich sein. Motivation für dieses Buch ist es, durch eine normkonforme Beschreibung von APQP und seiner Implementation auf Deutsch, Prozesse einfacher und verständlicher zu machen.

Dieses Buch spiegelt Erfahrungen und Erkenntnisse aus vier Jahren Erfolgen (aber auch Misserfolgen) wider, welche ich in Projekten zur Einführung von APQP gesammelt habe. In dieser Zeit habe ich sowohl allein als auch mit Kollegen aus vielen verschiedenen Kontinenten Vorgaben interpretiert, Schulungsunterlagen erstellt und Trainings gegeben. Dabei haben ich eingeführte APQP-Forderungen immer wieder hinterfragt und so gestaltet, dass auch ein Benefit für die Kunden entstand.

In Seminaren der *International Aerospace Quality Group* (IAQG) wurde ich oft mit offenen Fragen, welche die unzureichenden Beschreibungen hinterließen, konfrontiert und konnte Änderungen der Prozesse direkt in den Firmen testen.

Mittlerweile habe ich viele hundert Schulungen zu APQP in englischer, deutscher und spanischer Sprache gegeben, und kann daher in diesem Buch auch den allgemein üblichen Fragen vorgreifen.

Falls Sie sich schon entschieden haben, APQP in Ihrem Unternehmen einzuführen, ersetzt dieses Buches nicht den Kauf der Norm. Vielmehr erkläre ich Ihnen hier, wie Sie die Forderungen der Norm effizient umsetzen können. Ich empfehle deshalb das Lesen der Norm, dann das Lesen dieses Buches und dann ein erneutes Lesen der Norm. Sie werden sehen, dass Sie beim zweiten Lesen der Norm ein sehr viel besseres Verständnis erreicht haben werden, sodass Ihnen das Einführen von APQP wesentlich leichter fallen wird. Die Einführung von APQP ist weder eine unzumutbare Aufgabe noch eine Sisyphusarbeit. Es ist vielmehr das Aufräumen der Prozesslandschaft, welche durch jahrelanges

Hinzufügen und Verbessern von Prozessen durch Kundenvorgaben und durch Forderungen der Luftfahrtbehörden in vielen Luftfahrtunternehmen entstanden ist. Sie werden sehen: Das Resultat wirkt wie ein aufgeräumtes Zimmer.

Ich werde englische Begriffe vermeiden wann immer es möglich ist. Bekannte Schlagwörter und Begrifflichkeiten, welche sich in Vorgaben finden, werde ich jedoch in Klammern setzen, sodass Sie diese entsprechend verwenden können. Auch schreibe ich dieses Buch mit so wenig Fachsprache wie möglich und so viel wie nötig. Das Lesen dieses Buch soll Dinge klarer machen und nicht zusätzlich verkomplizieren, wissend, dass Sie sich den ganzen Tag schon genug durch gesetzestextähnliche Vorgaben kämpfen müssen.

Ich möchte Ihnen nicht vorenthalten, dass die IAQG (International Aerospace Quality Group) auf ihrer Internetseite ein Dokument zur Verfügung stellt, welches – leider nur auf Englisch – eine gute Hilfe zur Einführung sein kann. Sollten Sie also der englischen Sprache auch im Technischen bewandert sein, lohnt sich der Blick dorthin.

Mit diesem Buch verfolge ich das Ziel, Ihnen die Einführung von APQP in deutscher Sprache verständlich zu erläutern, anschauliche Beispiele zu geben und Ihnen mit meinen Erfahrungen am Ende zu einer Verbesserung Ihrer Prozesse und zur Vermeidung unnötiger Kosten zu verhelfen.

Medellín, Oktober 2020 Dirk Duwendag

Inhaltsverzeichnis

1 Einleitung

1.1 APQP: Was ist das?

Zur Einführung ist es sinnvoll, einen Blick auf die Abkürzung APQP zu werfen, denn hier steckt schon einiges an Aussagekraft drin:

ADVANCED: Erweitert, besser als zuvor

PRODUCT: Fokus auf das Produkt, nicht auf den Prozess

QUALITY: Erfüllen von Anforderungen

PLANNING: Planung, vorbereiten und vorausdenken

Zusammenhängend bedeutet dies, dass ein Produkt, welches entwickelt und produziert werden soll, mittels einer verbesserten Planung schlussendlich eine höhere Qualität erzielt.

Dies soll mit APQP gelingen. Vorweggenommen: Der Fokus bei APQP liegt auf den Worten *Advanced* und *Planning*. Denn eine **bessere Planung** ist, was APQP ausmacht. Das Unternehmen soll vorausschauend und pro-aktiv werden und zukünftige Risiken besser identifizieren.

1.2 Vorausschauend und proaktiv werden

Es gibt bereits viele Werkzeuge, mit denen man versucht Risiken in einem Produktionsprozess zu identifizieren. Vom einfachen Reden über ein neues Projekt, dem Austausch mit Kollegen, bis hin zu Werkzeugen wie der „Fehler-Möglichkeit & Einfluss-Analyse“ (FMEA – *Failure Mode and Effets Analysis*). Diese Methode ist bereits ein Teil von APQP, mehrmals wiederkehrend im gesamten Prozess. Ein weiteres bekanntes Werkzeug zur Risikoidentifizierung ist zum Beispiel die Prozessfähigkeitsuntersuchung (SPC – *Statistical Process Control*). Auch diese ist Teil von APQP und vieles anderes mehr.

APQP richtet den Fokus auf die meist schon bekannten Werkzeuge, die uns darin unterstützen, vorausschauend zu denken und auf die ich in den folgenden Kapiteln noch weiter eingehen werde. Diese werden in einer beschriebenen Sequenz und Vorgehensweise abgearbeitet, immer mit den geforderten Inputs, kommend aus anderen Werkzeugen. Die bekannten Werkzeuge stärker und effizienter zu nutzen, führt das Team sicherer durch das Projekt.

1.3 Woher kommt APQP? Und wo will es hin?

APQP kommt, wie auch andere Methoden, aus der Automobilindustrie und wurde von der Luftfahrtindustrie angenommen. Kurz beschrieben war und ist APQP eine Antwort auf das *Toyota Production System* (TPS) und beinhaltet mittlerweile sogar Teile aus diesem. In teils abgeänderter Form finden sich hier Elemente und unterstützende Werkzeuge, die ihren Ursprung in Lean Six Sigma beziehungsweise im TPS haben.

All diese Ansätze spielen zusammen und APQP bedient sich teils jeweils der anderen Denkweisen. Manchmal nennt man die Vorgehensweise zur Ursachenanalyse „8D“, manchmal „9s“, manchmal gibt es Unterschiede, manchmal nicht. Ich möchte auf keinen Fall eines dieser Werkzeuge besonders hervorheben. Jedes einzelne hat Vor- und Nachteile, ist mehr oder weniger für ein bestimmtes Produkt oder aber für eine bestimmte Unternehmens- oder Produktionsauslegung gedacht und entwickelt worden.

Hat Airbus vor zwei Jahrzehnten noch eine Handvoll Flugzeuge pro Woche gebaut, sind es heute mehr als zwei pro Tag. Die höhere Produktion ist ein weiterer Grund, über die Adaptierung von Vorgehensweisen aus der Automobilindustrie für eine Verbesserung des Prozesses zu denken. Luftfahrtingenieure werden bei dem Gedanken an Prozesse aus der Automobilindustrie erst einmal die Stirn kräuseln, denn Luftfahrt ist weitaus komplexer bezüglich der Anforderungen. In meiner bisherigen Erfahrung konnte APQP sehr gut den Branchenbedürfnissen der Luftfahrtindustrie angepasst wurde. Mittlerweile gibt es unter anderem eine Europäische Norm, die DIN EN 9145, einen Luftfahrtstandard aus den USA (AS 9145) und eine nahezu einheitliche Vorgehensweise aller großen OEMs wie Boeing, Airbus, Embraer sowie deren Zulieferer, vertreten in der IAQG. Die großen Triebwerkshersteller wiederum folgen seit Jahren der Automobilindustrie und haben APQP in großen Teilen direkt aus der Automobilindustrie übernommen.

Der Vollständigkeit halber ist hier zu erwähnen, dass andere Industrien einen ähnlichen Weg gehen, wie zum Beispiel die Branche der Windenergie, die Teils ihre Lieferanten schon seit Jahren verpflichtet haben einer APQP-ähnlichen Struktur zu folgen. Es ist zu erwarten, dass beispielsweise die Bahnindustrie folgen wird.

1.4 APQP Einführung

Es gibt schlechte Nachrichten: APQP kostet Zeit und Geld.

Doch die gute Nachricht ist: APQP richtig und konsequent umgesetzt bringt die investierte Zeit und das Geld um ein Vielfaches zurück. Und: Wird APQP umgesetzt, so bleibt man im Geschäft. Denn inzwischen gibt es keinen Weg um die Einführung herum: Nahezu alle Unternehmen in der Luftfahrtbranche, die heute ein DIN EN 9100-Zertifikat in der Rezeption aushängen haben, werden APQP einführen und nachhaltig umsetzen müssen. Das wurde bereits von den Branchenführern Airbus und Boeing kommuniziert.

Die Einführung von APQP kann auf verschiedenen Wegen passieren, mit unterschiedlichen Resultaten. Wie auch beim Einführen von DIN EN 9100 kann das Hauptziel sein, den Auditor zufrieden zu stellen und erheblichen Aufwand zu betreiben, um mit relativ wenig Abweichungen aus den Audits zu kommen. Das funktioniert oft. In diesem Buch geht es jedoch darum zu lernen, APQP so einzuführen, dass ein Nutzen daraus entsteht. Der Nutzen wird sichtbar werden in einer Reduktion der Fehler beziehungsweise der Reduktion der Fehlerkosten. Oft wird nach einem Beweis für die Wirksamkeit der Einführung gefragt. Dieser ist noch nicht valide mathematisch zu erbringen, da das Thema neu ist. In diesem Moment verweise ich gerne und vorläufig erst einmal auf die Fehlerrate (*Rejection-Rate*) in der Luftfahrtindustrie, verglichen mit der der Automobilindustrie hin, die seit Jahrzehnten APQP anwendet und oft Six-Sigma-Ergebnissen (0,00034 % Fehlerrate) nicht fern ist. Die Luftfahrt, je nach Produkt, liegt meist bei über einem halben Prozent, oft sogar bei 3 bis 4 Prozent, betrachtet man die gesamte Lieferkette. Auch wenn die Automobilindustrie einen stärkeren Fokus auf Massenproduktion hat, wurde dies jedoch in der Luftfahrtnorm berücksichtigt.

Die Frage nach der Sinnhaftigkeit der Einführung von APQP ist völlig legitim. Wer Investitionen nicht hinterfragt, ist kein guter Geschäftsmann. Doch der Skepsis zum Trotz, hat die IAQG mit der Definition der neuen Vorgehensweise großartige Arbeit geleistet und die Vielfältigkeit der Zulieferindustrie berücksichtigt, sodass ein Umsetzen der einzelnen Kapitel nur gefordert ist, wenn es dafür einen guten Grund gibt, und zwar auf die Art und Weise, dass es dem Unternehmen und/oder dem Kunden einen Mehrwert liefert. Dieses kann passieren durch „Erhöhung der Qualität" des Produktes oder durch eine Steigerung der Effizienz. Auch wurde berücksichtigt, dass in der Luftfahrt häufig kleinere Stückzahlen und Losgrößen produziert werden als in der Automobilindustrie.

Anmerkung:

„Erhöhung der Qualität“ ist in Anführungszeichen gesetzt, da dieses der eigentlichen Definition von „Qualität“ widerspricht, welche der vollen Erfüllung von Forderungen bedarf. Gemeint ist eine Verbesserung des Produktes, das heißt zum Beispiel: leichter, schneller, höhere Lebenserwartung, billiger etc.

APQP ist nichts wirklich Neues. Vieles wird in den Unternehmen bereits umgesetzt, wenn auch nicht immer zur hierfür perfekten Zeit oder mit den richtigen Ressourcen, Inputs (Daten) und Werkzeugen. Bei APQP geht es darum, den Gedanken des Vorbeugens und der proaktiven Denk- und Arbeitsweise (*Preventive* and *Proactive*) richtig zu verstehen und anzuwenden. Eine Anpassung der Denkweise der Mitarbeiter ist hierfür unumgänglich. In Zukunft sollen Fehler vermieden und nicht im Nachhinein korrigiert werden.

Um eine der am häufigsten gestellten Fragen schon einmal zu klären, hier einige Einschätzungen bezüglich des Aufwandes, verbunden mit der Einführung und Umsetzung APQPs.

Je nach Größe des Unternehmens und der Aufgaben (Entwicklungsbetrieb oder Produktionsbetrieb oder beides) benötigen Sie a) Zeit und b) Ressourcen:

a) Zeit:

   Zeit hat man erst einmal automatisch. Zeit kommt und geht. Diese Zeit, die noch kommt oder schon da ist richtig (effizient) einzusetzen, also auch besser zu nutzen (*Advanced*), darum geht es bei APQP und auch bei der Einführung von APQP.

   Hier einmal eine Annahme bezüglich der Dauer der Einführung, die auf Erfahrung beruht:

   Ein Unternehmen (Produktion zu Zeichnungsvorgaben (*Build to Print*) mit etwa 200 Mitarbeitern kann APQP in einem Jahr einführen und erste Projekte entsprechend umsetzen. Ein Unternehmen wie Airbus oder Boeing wird wahrscheinlich etwa 4–6 Jahre benötigen, beides vorausgesetzt, die Unternehmensführung unterstützt das Vorhaben vollständig.

b) Ressourcen:

   Irgendjemand muss es tun. Gerade in der Phase der Einführung benötigt APQP Menschen mit Verständnis bezüglich Qualitätsmanagement, Prozeduren und Prozessen, Schulungen und Projektmanagement. Diese Personen und deren Arbeitszeit sind die Investition in das Projekt „Einführung von APQP" und amortisieren sich schnell nach Einführung von APQP, da diese hauptsächlich Aufgaben übernehmen, die Andere vorher gemacht haben. Des Weiteren ist es, wie auch bei DIN EN 9100, wichtig, dass die „neue" Arbeitsweise intern kommuniziert wird. Dies sollte sowohl durch Schulungen der Mitarbeiter als auch durch interne Kommunikation geschehen. Ich schlage vor: Je näher eine Aufgabe an APQP dran ist, umso intensiver die Schulungen.

Apropos Zeit und Geld. Die folgende Skizze (Bild 1) zeigt, wo die Fehler üblicherweise ihre Quelle (*Root Cause*) haben und wo diese üblicherweise entdeckt werden.

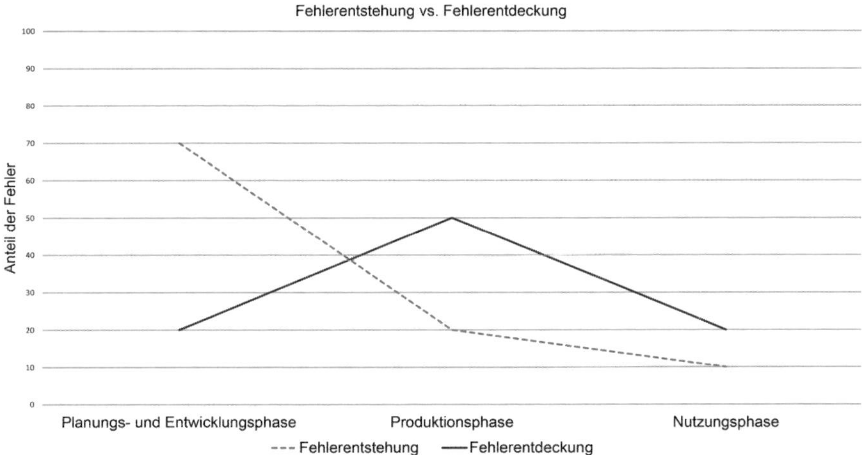

Bild 1: Fehler haben ihre eigentliche Ursache oft weitaus früher als man denkt (Schätzwerte über alle Industrien).

Im Qualitätsmanagement ist bekannt, dass Fehler teurer werden, je später diese entdeckt werden (1-10-100-Regel). Im Folgenden ein Fallbeispiel, um noch einmal das Verständnis von Fehlerkosten, deren Ursprung versus Entdeckung und Auswirkungen aufzufrischen:

Beispiel:

Eine Zeichnung beinhaltet eine fehlerhaften Durchmessertoleranz einer Bohrung für eine bewegliche Installation einer Welle in einer Baugruppe (*Assembly*).

- Fall A)
  Der freigebende Ingenieur der Entwicklungsorganisation bemerkt den Fehler und bittet den zeichnungsausstellenden Ingenieur um Korrektur. Ein geringer Aufwand entsteht und der Fehler wird schnell behoben.
- Fall B)
  Die fehlerhafte Zeichnung wird freigegeben. Der Mitarbeiter der Produktion bemerkt die ungewöhnliche Toleranzangabe und meldet diese seinem Vorgesetzten, der die Entwicklungsabteilung informiert. Die Zeichnung wird gesperrt, es wird eine Anfrage nach Änderung erstellt (*Engineering Change Request*). Die Entwicklungsabteilung ändert die Toleranzangabe und löst eine Ursachenanalyse (zum Beispiel 8D) aus. Ein Aufwand, der bereits enorme Ressourcen bindet. Das Produkt kann jedoch noch termingerecht produziert und geliefert werden.
- Fall C)
  Die fehlerhafte Zeichnung findet den Weg in die Produktion und das Bauteil wird entsprechend der falschen Toleranzangaben produziert. Das Bauteil wird beim Kunden in die Baugruppe installiert. Die Wareneingangskontrolle prüfte vorher und stellte fest: Der Wert ist nach Zeichnungsangaben in der Toleranz. Dem einbauenden Mechaniker beim Endkunden jedoch fiel auf, dass da „irgendwas nicht stimmt“. Das Bauteil „ließe sich nur schwer bewegen, anders als üblich“ steht im Bericht, den er an seine Qualitätsabteilung sendet. Diese eröffnet eine Untersuchung und stellt fest, dass die Entwicklungsabteilung fehlerhaft gearbeitet hat. Es kommt zur Beschwerde (*Customer Claim*).

  Erste Möglichkeit: Änderung der Zeichnung, Ursachenanalyse usw. folgen. Das neue Bauteil wird verspätet geliefert und sorgt für Verzögerungen in der Lieferung der Baugruppe zur Endmontagelinie des Flugzeuges. Strafzahlungen und ein negativer Eintrag in der Lieferantenbewertung folgen.

  Zweite Möglichkeit: Das Bauteil ist noch verwendbar mit einer Bauabweichung (*Concession*). Der verantwortliche Lieferant bezahlt für die Dokumentation der Bauabweichung (mindestens 1.000,00 USD) und bekommt einen negativen Eintrag in der Lieferantenbewertung.

- Fall D)
  Das fehlerhafte Bauteil findet seinen Weg in das Flugzeug und sorgt damit dafür, dass das Flugzeug nicht lufttüchtig ist. Etwaige damit verbundene Ergebnisse hierfür sind vom Verursacher zu verantworten (zum Beispiel Sicherheitslandung nach Cockpit-Warnung). Untersuchungen durch Behörden und Verlust von Genehmigungen können Konsequenzen hieraus sein. Mögliche Folgen beinhalten die Einstellung der Tätigkeiten des Unternehmens.

Ein kurzer Kommentar hierzu: Jeder macht Fehler und es ist deshalb so wichtig, dass Vorschriften eingehalten, dass freigegebene Verfahren befolgt werden. Auch in heute fliegenden Flugzeugen sind Fehler vorhanden – es sind die Sicherheitssysteme (Back-ups), auf die wir vertrauen müssen und können.

Allerdings werden diese Fehler nach der 1-10-100-These mit der Zeit exponenziell teurer mit verzögerter Entdeckung (Bild 2).

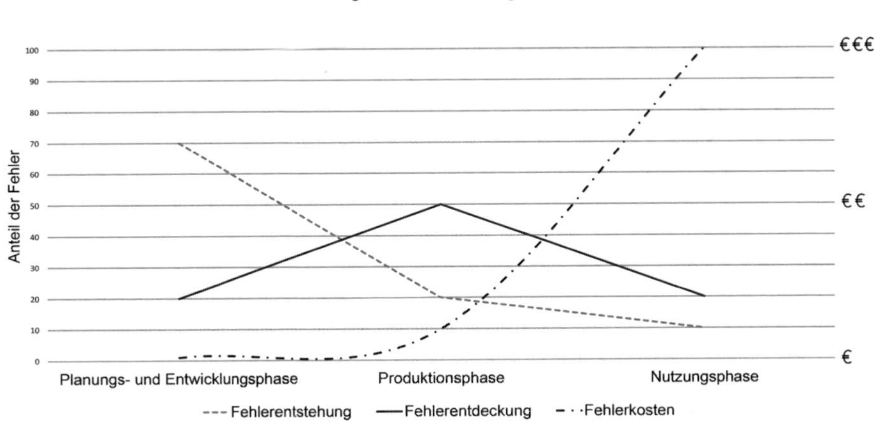

Bild 2: Die Kosten der Fehlerbehebung steigen überproportional an, je länger die Fehler unentdeckt bleiben

Mit diesem Wissen ergeben sich folgende Ziele:

a) Fehler vermeiden, anstatt diese zu korrigieren.

b) Fehler, die nicht vermeidbar sind, so früh wie möglich entdecken, um diese so zu Beginn des Prozesses (vor Produktion oder vor Auslieferung) beheben zu können.

c) Früh gewarnt werden, falls es ein Risiko für Fehler in der Zukunft gibt.

d) Aus Fehlern lernen, um diese nicht zu wiederholen.

APQP hilft, diese Ziele mit einer Reihe von Hilfestellungen zu erreichen. Strukturiert und mit den Instrumenten, die zumeist schon verwendet werden.

Sag's noch einmal, Dirk:

Einen Fehler gar nicht erst zu machen, das ist das Ziel. Risiken frühzeitig zu erkennen hilft, die Fehlerkosten niedrig zu halten und die hart erarbeitete Reputation des Unternehmens zu schützen.

2 Voraussetzungen für die Einführung und effektive Anwendung von APQP

Es werden von der IAQG (*Industrial Quality Aerospace Group*) drei Voraussetzungen empfohlen, um APQP in das Unternehmen zu integrieren: Die Unterstützung durch das Management, die Einrichtung eines MFT (*Multi Functional Team*) und die Ausarbeitung eines Effektiven Projekt Plans. Diese Voraussetzungen finden sich auch direkt in den detaillierteren Anforderungen, beschrieben im Standard DIN EN 9145 und dem amerikanischen Luftfahrtstandard AS 9145 (welche einander akzeptieren). Sollte eine dieser drei Voraussetzungen nicht vorhanden sein, wird es kaum möglich sein, ein internes oder auch externes Audit ohne Abweichungen zu bestehen oder Erfolge durch die Einführung von APQP zu verzeichnen.

2.1 Unterstützung durch das Management

Die erste Voraussetzung ist, dass das Management das Vorhaben vollständig unterstützt und der Einführung von APQP zur Verbesserung bisheriger Prozesse eine hohe Priorität zurechnet. Dafür muss das Management APQP kennen und verstehen und Auswirkungen, positive und auch vermeintlich negative, einordnen können, und sich auch der Folgen einer Nichteinführung von AQPQ bewusst sein. Dazu gehört das Verständnis und die Bereitwilligkeit, eventuell Ressourcen auf andere Aufgabenfelder zu verlegen. Mitarbeiter und Räumlichkeiten werden mit der Arbeit der MFTs belegt und die Zeit vor der Serienfertigung, also vor dem Geldverdienen, kann sich anfangs verlängern. Die Einführung als solches bindet Ressourcen, sei es für Schulungen oder auch für das Anpassen der Arbeitsprozesse.

Die oberste Leitung nimmt wichtige Aufgaben bezüglich APQP wahr, wie zum Beispiel die Bereitstellung von Ressourcen, Finanzierungen von Schulungen und Freigabe von Änderungen in Arbeitsprozessen. Ohne eine volle Unterstützung des Managements ist eine effiziente Einführung von APQP nicht machbar. Ohne Zweifel gehört eine gewissenhafte Evaluation der Sinnhaftigkeit von APQP für das eigene Unternehmen auch zur Verantwortung des Managements. Ist eine Entscheidung jedoch getroffen, können Vorbehalte und Unwilligkeit zur Freisetzung von Ressourcen den Einführungsprozess nachhaltig behindern. Aber auch dafür hat APQP eine Antwort, denn um den Bedarf von Änderungen auf die Anforderungen im eigenen Unternehmen zu begrenzen, erlaubt APQP den begründeten Ausschluss von einzelnen Anforderungen durch das Management.

2.2 Multifunktionales Team (MFT)

Wenn eine breite Unterstützung gewonnen ist, geht es darum, die tägliche Arbeitsweise auf das Arbeiten im MFT umzustellen. Erfahrungen der Mitglieder des Ausschusses in der IAQG kamen zu dem Schluss, dass das Arbeiten in Gruppen effizienter und weniger risikoreich ist als das Entscheiden einzelner Personen oder Positionen. Gerade APQP lebt von den Erfahrungswerten interner und externer Kunden und vom bereitgestellten Wissen aus nachgelagerten Prozessen, um proaktiv und vorbeugend arbeiten zu können.

Das MFT besteht (wenn nicht anders sinnvoll) aus Entwicklung, Produktion und Qualitätsabteilung mit enger Anbindung an oder unter Teilnahme des Kunden und der Lieferanten. Eine größtmögliche Transparenz quer über die involvierten Abteilungen und Parteien ist gewollt. Auch die Personalabteilung ist herzlich eingeladen, wenn für das Projekt bestimmte Kenntnisse erforderlich sind, die noch aufgebaut werden müssen oder wenn es Unklarheiten über die personellen Kapazitäten gibt.

Bemerkung: Ob Sie das Team MFT nennen, CFT (*Cross-Functional Team*) oder APQP-Projektteam, spielt für die Qualität der Umsetzung keine Rolle.

Das MFT soll dazu dienen, den bisherigen Informationsverlust über den Produktionsprozess zu verringern (Bild 3). Ein bisheriger Produktlebenszyklus gleicht oft der „Stillen Post" – Informationen gehen über die Stationen verloren oder werden verfälscht und Erfahrungswerte werden nicht an alle zurückgesendet (siehe Bild 4). APQP und die Arbeit des MFT soll dem vorbeugen. In Zukunft wird die Produktion eine noch wichtigere Rolle in der Planung spielen: bei der Machbarkeitsprüfung im Entwicklungsprozess und früher.

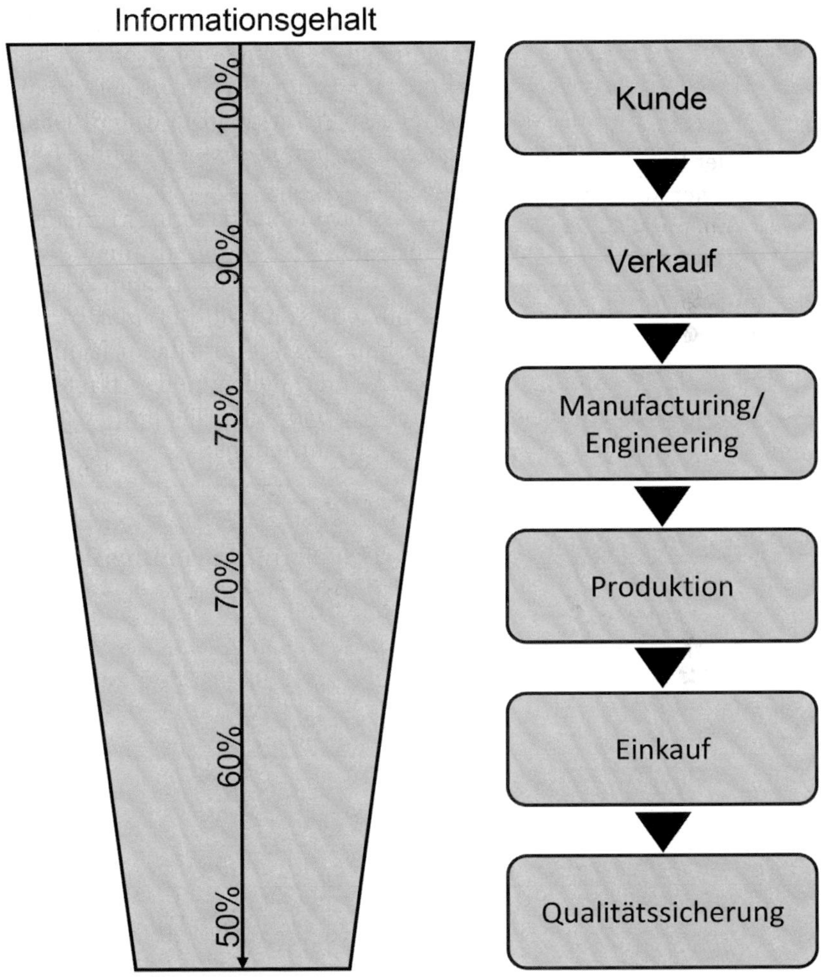

Bild 3: Es gibt oft einen Verlust von Informationen zwischen dem Sender und Empfänger. Aufaddiert führen diese Verluste meist zu unverständlichen Informationen (vereinfachte Darstellung; siehe auch das Kinderspiel „Stille Post“)

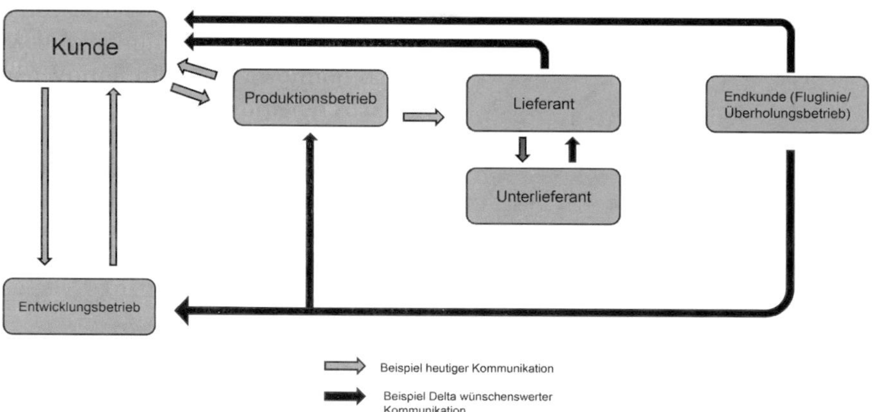

Bild 4: Viele Informationen, die einen Mehrwert liefern könnten, sind oft an der falschen Stelle vorhanden und werden nicht abgerufen und daher nicht genutzt (vereinfachte Darstellung).

Bild 5 illustriert die Kommunikation in einem Projekt MFT. Idealerweise sind alle Stationen durch das MFT miteinander in ständigem Austausch über das Produkt. Um den Prozess derart zu verändern, braucht es Ressourcen, welches den Bogen zurück zur Unterstützung des Managements spannt. Wie bereits erläutert, haben viele (teure) Fehler ihren Ursprung zu Beginn des Prozesses und müssen später unter großem finanziellem Aufwand in der Produktions- oder der Nutzungsphase behoben werden. Idealerweise hilft die APQP-Variante, diese Fehler unter Ressourcenaufwand zu Beginn direkt einzudämmen und die hohen Kosten zu einem späteren Zeitpunkt zu sparen.

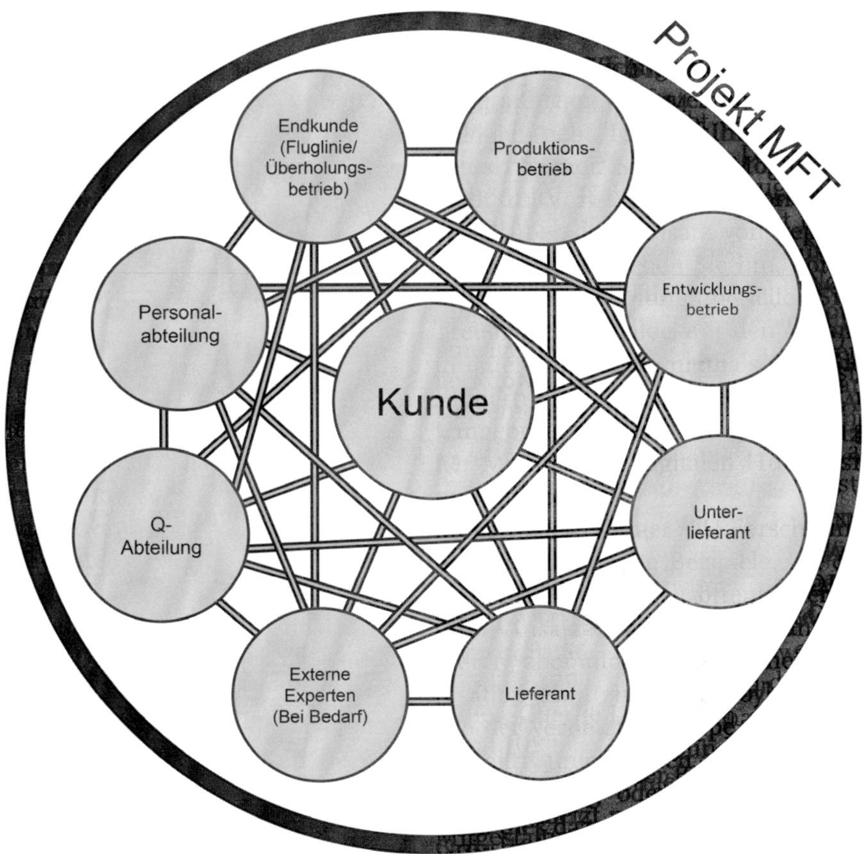

Bild 5: Idealerweise befinden sich alle Parteien zum Informationsaustausch zur selben Zeit am selben Ort, um Verluste von Informationen zu minimieren. Das Bild zeigt, dass eine Frage direkt von der Partei, die eine Antwort benötigt, an diejenige Partei gerichtet werden kann, die die Information bereitstellen kann.

Es ist ratsam während der Einführung von APQP einen oder mehrere APQP-Leiter zu benennen, um sicherzustellen, dass nach DIN EN 9145-Vorgaben gearbeitet wird. Diese Person kann aus dem Bereich Qualitätssicherung sein und sollte Erfahrungen im Projektmanagement mitbringen. Der Programm- oder Projektleiter bleibt über dies hinaus voll verantwortlich für das Kundenprojekt. Sobald APQP voll in Unternehmensprozesse integriert ist, kann die Rolle des APQP-Leiters in das Projekt- oder Programmmanagement integriert werden.

Seltener angeführte Beispiele aus der Luftfahrt sind:

- DFME: *Design for Manufacturing and Assembly*
- DFMRO: *Design for Manufacturing, Repair and Overhaul*

Diese Tätigkeiten liegen im Produktlebenszyklus zeitlich sehr weit auseinander. Daher ist es wichtig, dass Kommunikation ausgebaut wird, um Wissen dorthin zu führen, wo es benötigt wird.

In einem nach APQP designten Prozess dient der Austausch von Informationen,

- der Vermeidung von Fehlern und Wiederholungsfehlern,
- der von der DIN EN 9100 geforderten stetigen Verbesserung,
- der Identifizierung von potenziellen Risiken in zukünftigen Prozessen und möglichen Lösungsansätzen,
- der Vermeidung von Informationsverlust durch einheitliche Kommunikation und Informationsbereitstellung,
- dem Erkennen von Verbesserungspotenzialen.

2.3 Effektiver Projekt Plan

Die IAQG empfiehlt in ihren Seminaren APQP per Projekt zu starten, oder als neues beziehungsweise geändertes Arbeitspaket. Das ist außerdem konform mit den meisten Verträgen, die neu starten und APQP dann als Bestandteil mit sich bringen. Hierfür empfiehlt es sich eine Produktfamilie auszuwählen. Was ist eine Produktfamilie? Diese Frage ist essenziell. Schließlich ergibt sich daraus später die Anzahl der Projekte, die geführt werden müssen. Es hängt vom Produkt, von der Produktionstiefe und der Produktvielfalt im Unternehmen ab. Produziert das Unternehmen zum Beispiel 500 verschiedene Metallwinkel mit jeweils 500 verschiedenen Bauteilnummern, so empfiehlt es sich, diese nach zum Beispiel Material, Größe, mit oder ohne Bohrungen und so weiter zu sortieren und in eine Produktfamilie zu integrieren. Damit ersparen Sie sich das Führen von 500 verschiedenen Projekten. Bei wenigen Teilenummern sortiert man gerne auch nach Eigenschaften oder nach Kunden. Ob in einer Produktfamilie nun Metallwinkel mit zwei, drei oder vier Bohrungen sind, spielt erst später im Projekt eine Rolle. Stellt das Unternehmen Flugzeugsitze oder ähnlich aufwendige Artikel her, ist es schon sinnvoll, pro „Teilenummer des Sitzes" oder mindesten pro Kunde und Version (*Business Class* oder *Economy Class*) zu identifizieren. Bedacht werden muss außerdem, dass ein Bauteil mit einem Umsatz von 1000 USD/Jahr nicht ein ganzes Team finanzieren kann. Teile, die gleiche Prozesse durchlaufen und einander ähnlich sind, sollten zusammen in ein APQP-Projekt geführt werden, sofern sinnvoll.

Aber nun zur Erklärung des Effektiven Projekt Plans. Einen Projektplan kennt man oft als Gant-Chart oder ähnliche Aufzeichnung mit Zeitstrahl. Der Plan beinhaltet einzelne kleine und große Meilensteine, die in der Zukunft datiert sind, um ein Ziel zu erreichen. Zielführend und effektiv. Und es bleibt zu ergänzen, dass dieser natürlich auch effizient sein sollte. Den Nachweis der Effizienz zu erbringen ist jedoch nicht die primäre Aufgabe des Zeitplans, auch wenn er dahingehend einiges an Aussagekraft hat. In der Betriebswirtschaft spricht man vom Minimumprinzip: Ein gestecktes Ziel (*Output*) mit möglichst wenig Aufwand (*Input*) zu erreichen. Also in wenigen Schritten den letzten Meilenstein, zum Beispiel die Lieferung, zu erreichen.

Der Projektplan, den APQP fordert, sollte möglichst auch die verschiedenen Phasen von APQP widerspiegeln. Dieser sollte im Team abgestimmt und genehmigt worden sein (mindesten von Konstruktion, Produktion und Qualitätsabteilung). So übernimmt jeder Verantwortung, hat aber auch die Möglichkeit, das Recht und die Pflicht Schwierigkeiten zu kommunizieren. Im Projektplan ebenfalls ersichtlich sind die Abfolgen (Vorgänger und Nachfolger).

Ein Beispiel zur Sequenz, die von APQP teils vorgegeben wird: Um eine Risikoanalyse der Prozesse mit einer PFMEA – Prozess-Fehlermöglichkeits- und Einflussanalyse (*Failure Mode and Effects Analysis*) durchzuführen, benötigen Sie vorher ein Flussdiagramm *(Process Flow Chart/Diagram)*, um sich anhand dessen durch den Prozess navigieren zu können und entsprechend Risiken zu analysieren. Daher befindet sich die Erstellung des Flussdiagramms zeitlich vor der Risikoanalyse.

Alle Elemente, die APQP beinhaltet, sollten im Projektplan zumindest berücksichtigt werden. Einige müssen nach DIN EN 9145 verpflichtend aufgelistet werden, wie zum Beispiel das Auslieferungsdatum, wann die Erstmusterprüfung stattfindet und andere Meilensteine. Solche Meilensteine sollten mit dem Kunden abgesprochen werden. Wann wird eine Erstmusterprüfung angestrebt? Sind geplante Logistikzeiten plausibel? Wann wird eine erste Lieferung erwartet?

Der Projektplan ist also auch ein Kommunikationsinstrument. Auch der Kunde muss das Spiel (APQP), dass er von seinen Lieferanten erwartet, mitspielen und sichten und teils auch Ergebnissen zustimmen beziehungsweise diese ablehnen.

Empfehlung:

Genug Zeit und Ressourcen zur Entwicklung des Projektplans sind das A und O. Erinnern Sie sich an die Grafik (Bild 1)? Frühe Investitionen zeichnen sich später aus!

Es ist nicht verboten, den Projektplan bei unerwarteten Änderungen zu überarbeiten (Achtung: Internes Änderungsmanagement beachten). Ständiges Lernen im Prozess ist normal und erwünscht. Zusätzlich könnte der Kunde seine Termine ändern oder andere unvorhersehbare Dinge eintreten. Jede Änderung sollte allerdings kommuniziert und im jeweiligen Projekt-MFT neu abgestimmt werden. Bild 6 zeigt einen beispielhaften Projektplan.

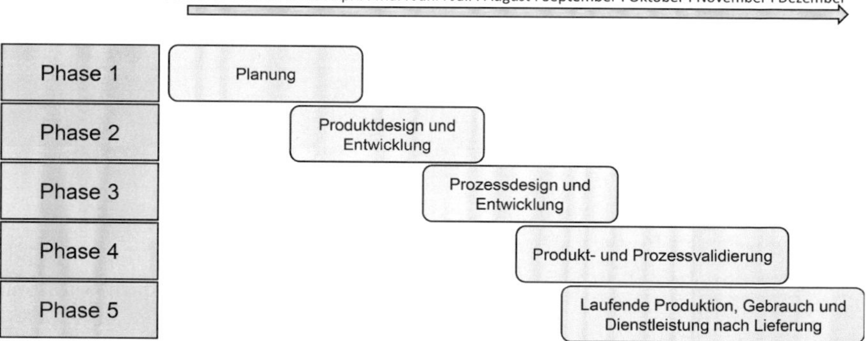

Bild 6: Zeitliche Überlappung der einzelnen Phasen. APQP fordert keine harten Übergänge *(Gates)*, wie zum Beispiel das Projektmanagement.

Sag's noch einmal, Dirk:

Das Management muss APQP verstehen und wollen, die Abteilungsleiter übernehmen frühzeitig Verantwortung und Pflichten für das Projekt und sprechen miteinander (MFT). Der Projektplan ist die abgestimmte Vorgehensweise, der Leitfaden und das Mittel zur externen und internen Kommunikation.

3 Die 5 Phasen von APQP – eine Übersicht

APQP folgt dem gängigen Produktlebenszyklus. Dieser betrachtet das Produkt von der Entwicklung über die Produktion bis hin zur Wiederverwertung nach dem Einsatz. Diese Phasen ähneln sich über verschiedene Produkte. Ein Produkt wird entwickelt, produziert, freigegeben, benutzt und gewartet, bis es verschrottet (im besten Falle wiederverwertet) wird. APQP folgt dieser Vorgehensweise fast bis zum Schluss und benennt 5 einzelne Phasen:

- Phase 1: Planung (Programmplanung)
- Phase 2: Produktdesign und Entwicklung
- Phase 3: Prozessdesign und Entwicklung
- Phase 4: Produkt- und Prozessvalidierung
- Phase 5: Laufende Produktion, Gebrauch und Dienstleistung nach der Lieferung

Um zu verstehen, an welcher Stelle ein Unternehmen sich befindet (nur in seltenen Fällen ist ein Unternehmen über alle Phasen verantwortlich), ist es wichtig die luftfahrtrechtliche Organisation zu verstehen.

Exkurs:

Hierzu ein kleiner Exkurs in das Luftrecht (sehr vereinfacht und beispielhaft):

Die Luftfahrtbehörden der einzelnen Länder, berechtigt durch die Ministerien für Transport und/oder Verkehr, vergeben sogenannte Berechtigungen, fliegende Bauteile zu

a) konstruieren/entwickeln (*Design Organisation Approval*),

b) produzieren (*Production Organisation Approval*) bzw.

c) instand zu halten (*Maintenance Organisation Approval*).

Die Halter der Berechtigungen dürfen zum Beispiel Zeichnungen freigeben, ein Freigabezertifikat für ein neues Produkt ausstellen (Form1) oder eine Reparatur freigeben. Da diese Berechtigungen meist in verschieden Unternehmen vorhanden sind (ein Unternehmen entwickelt, ein anderes produziert und wieder ein anderes hält das Bauteil instand), müssen diese Unternehmen miteinander kommunizieren.

Ein Produktionsunternehmen erhält oft die bereits freigegebenen Zeichnungen vom Entwicklungsunternehmen (teils angesiedelt beim Kunden). Kommt es zum Beispiel zu Schwierigkeiten beim Einbau des Produktes, so kommuniziert das Produktionsunternehmen mit dem Entwicklungsunternehmen einen Bedarf zur Änderung der Bauzeichnung (*Engineering Change Request*). Das Entwicklungsunternehmen antwortet mit einer geänderten Bauunterlage oder einer Bauabweichung (*Concession*). Hat das Unternehmen, welches mit der Instandhaltung beauftragt ist, eine Frage zum Ausbau eines Bauteils, wendet es sich an den Entwicklungsbetrieb, nicht an den Produktionsbetrieb.

Wir sehen, es gibt eine Vielzahl an Schnittstellen, die benötigt werden und die von APQP auch berücksichtigt werden müssen und gewollt sind.

Die 5 Phasen von APQP fokussieren sich aber auf das Produkt und seine (dauerhafte) Qualität. Daher haben wir in den verschiedenen Phasen einige Elemente, die von Unternehmen an verschiedenen Stellen des Prozesses berücksichtigt werden müssen.

Beispiel:

In der Phase 1 fordert APQP, Projekt- und Produktziele zu definieren. Angenommen, der Kunde erwartet eine Lebensdauer des Produkts von 30 Jahren. Und angenommen, um dies zu gewährleisten benötigt das Produkt einen Oberflächenschutz (Anodisieren und Lackieren in zwei Schichten gegen Korrosion). Um nun die Lebensdauer zu gewährleisten, benötigt die Entwicklungsabteilung Informationen von Instandhaltungsorganisationen (verfügend über Erfahrungen mit 30 Jahre alten Bauteilen und Korrosion) sowie von Produktionsunternehmen (mit Wissen über Prozesse, die diese Forderung sicherstellen). Obwohl der Prozess in luftrechtlich getrennten Organisationen stattfindet, ist die Kommunikation und Weitergabe von Erkenntnissen das A und O. Da APQP über alle diese Phasen präsent ist, muss diese Kommunikation auch zwischen den einzelnen Phasen des APQP stattfinden.

Wann beginnt Phase 1 und wann endet APQP mit Phase 5?

Die Phase 1 beginnt, sobald jemand eine erste Idee hat. Beispielsweise hat Airbus die Idee, ein neues *Single Aisle Flugzeug* zu entwickeln und zu produzieren oder ein Lieferant bekommt eine Spezifikation für ein neues Bauteil. Dies könnte eine Halterung für einen Kabelstrang sein. Die Phase 1 beginnt also, sobald sich irgendjemand das erste Mal mit einer Idee intensiv beschäftigt und entscheidet, dieser nachzugehen.

Da vorhergehende Phasen immer Input in nachfolgende Phasen und Elemente oder Entscheidungen liefern, folgt APQP Schritt für Schritt den Phasen 1 bis 5.

Wer sich im Projektmanagement auskennt, weiß, dass es dort sogenannte *Gates* gibt. Im Projektmanagement muss eine Phase beendet werden, bevor die nächste beginnt. In APQP ist dies nicht notwendig; Die Phase überlappen einander. Das heißt, dass Elemente (Aufgaben) aus Phase 2 bereits begonnen oder gar abgeschlossen werden können, sobald alle Inputs hierfür aus Phase 1 (und evtl. frühe Elemente der Phase 2) bereits abgearbeitet worden sind, obwohl parallel noch in Phase 1 gearbeitet wird.

APQP endet, wenn die Produktion des Bauteils eingestellt wird. Man sollte sagen: Es wird dann sehr passiv. Es werden sicher noch Informationen von fliegenden Bauteilen bereitgestellt, aber diese führen dann lediglich zu Input für andere Projekte.

Sag's noch einmal Dirk:

Der Lebenszyklus und das Projekt an sich finden in verschiedenen Bereichen und Organisationen statt. Es ist essenziell, eine funktionierende Kommunikation zu gewährleisten, über Unternehmensgrenzen hinweg und zwischen teilweise thematisch weit auseinander liegenden Abteilungen.

4 Schnittstellen zu DIN EN 9100, Kundenvorgaben und Kundenerwartungen

„Schon wieder eine Kundenvorgabe“ mögen manche gedacht haben als Airbus, Boeing und andere den Wunsch nach APQP an die Lieferanten kommuniziert haben. Denn dies ist, wie schon erwähnt, erstmal ein gewisser Aufwand. Aber: Die Einführung von APQP ist nicht widersprüchlich zu den bisher verlangten Forderungen an die Lieferanten. APQP unterstützt DIN EN 9100, zeigt sogar teilweise Wege zur Umsetzung gewisser Forderungen des Standards. So folgt DIN EN 9145 auch PDCA (*Plan Do Check Act*) und unterstützt den Gedanken der stetigen Verbesserung.

Eine stetige Verbesserung ist eines der vielen Ziele bei der Umsetzung von DIN EN 9100. Unternehmen haben daraufhin oft einen entsprechenden Prozess beschrieben, damit der Auditor etwas Positives zu dem Thema findet. Nicht immer, aber oft war es so. Ziel war es, dem Auditor dann auch 2–3 Beispiele vorlegen zu können und nicht selten haben Unternehmen zwei Wochen vor dem Audit damit angefangen, etwas Entsprechendes zu dokumentieren. Viele Firmen machen stetige Verbesserung tagtäglich, identifizieren dieses jedoch nicht oder vergessen die Dokumentation hierüber.

„Der Kunde bekommt, was er bestellt.“ (Und er bekommt vielleicht in Zukunft etwas Besseres von jemand anderem). APQP gibt in den Anforderungen schon gute Vorlagen zu den stetigen Verbesserungen, zum Beispiel beim Thema Management der Schwankungen (Variation Management). Stetige Verbesserung führt zu Innovation, einem unschlagbaren Argument in den Angeboten an den Kunden.

Forderungen aus DIN EN 9100, ASR (*Airbus Supplier Requirements*) GRAMS (*General Requirements for Aerostructure and Material Suppliers*) und GRESS (*General Requirements for Equipment and Systems Suppliers*), aus IPCAs (*Airbus Industrial Process Capability Assements*) und aus TDCAs (*Technical Development Capapbility Assessments*) sowie Forderungen kommend von den Behörden oder aus der Rüstungsindustrie: APQP ist eine gesunde Konsequenz aus all diesem und führt teils die Forderungen sogar zusammen. Einmal das Thema APQP verstanden, fällt es leichter, Dinge umzusetzen.

APQP folgt mit den 5 Phasen auch der PDCA Mentalität (siehe Bild 7).

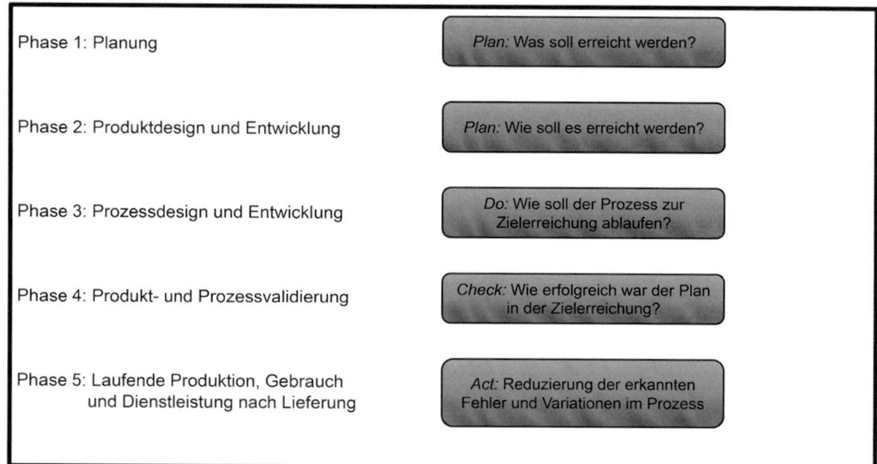

Bild 7: Die Relation von APQP zur Vorgabe PDCA, kommend aus der DIN EN 9100

Es gib Lieferanten, die erfüllen die Erwartungen der Kunden, und es gibt Lieferanten, die übertreffen die Erwartungen der Kunden. APQP gibt Unternehmen die Werkzeuge an die Hand, um auch Teile der DIN EN 9100 umzusetzen, und zwar so, dass nicht nur die Erwartungen der Auditoren erfüllt oder übertroffen werden, sondern sich auch ein Vorteil für das eigene Unternehmen ergibt.

Beispiel:

Einer meiner Kunden, ein Mitarbeiter aus der Qualitätsabteilung, antwortete mir einmal auf die Frage, warum er eine Ursachenanalyse eines Fehlers mache, mit den Worten: „Der Kunde will die sehen." Mit einer APQP-Schulung wird der Mitarbeiter verstehen, dass mit der Ursachenanalyse eine Vorbeugung betrieben werden soll, um zukünftig Fehler zu vermeiden.

In den meisten produzierenden Unternehmen, die eine Qualitätsrate von über 95 % erfüllen, ist es schwierig, die restlichen 5 % in den Griff zu bekommen. Ein einfacher Weg ist es, hierfür Ursachenanalysen zu nutzen und Erfahrungen weiterzugeben. Dieses Wissensmanagement zu betreiben (zum Beispiel *Lessons Learned*) kann helfen, da viele dieser wenigen übrig gebliebenen Fehler oft die gleiche Keimzelle haben. Auch dieses ist schon in DIN EN 9100 gefordert und als Konsequenz haben viele Mitarbeiter sich mehr oder weniger gefüllte Datenbanken angelegt. APQP zwingt Mitarbeiter, diese auch zu nutzen, besser noch, APQP zeigt auf, wann diese zu nutzen sind und welche Stelle für eine effiziente Nutzung verantwortlich ist.

Bereits angesprochen, aber zur Vertiefung noch einmal erwähnt: Eine weitere Gemeinsamkeit mit DIN EN 9100 ist, dass das Erfüllen der einzelnen Anforderungen nur bei Bedarf (bei Sinnhaftigkeit), also wenn dadurch ein Vorteil (Qualität, bessere Effizienz etc.) entsteht, notwendig ist. Die DIN EN 9100 erlaubt den Ausschluss bestimmter Anforderungen, wie zum Beispiel Aufgaben, die die Entwicklung eines Produktes betreffen in einem Betrieb, welcher keine Entwicklungsaufgaben wahrnimmt. So auch APQP. Während ein Betrieb dem Auditor einen Ausschluss in DIN EN 9100 kommuniziert, und dieses auch im Zertifikat berücksichtigt wird, entscheidet bei APQP das interne MFT, ob eine Aufgabe für ein bestimmtes Arbeitspaket sinnvoll (von Mehrwert) ist oder nicht. Mehrwert hier kann auch ganz klar eine bessere Identifikation von Risiken sein, da es die Wahrscheinlichkeit erhöht ein konformes Produkt zu bauen.

5 APQP-Elemente (Aktivitäten) und -Ergebnisse (Liefergegenstände)

Die 5 bereits genannten Phasen von APQP sind jeweils unterteilt in mehrere (jeweils etwa 4–15) APQP-Elemente oder auch -Aktivitäten, welche verschiedene, greifbare Ergebnisse liefern.

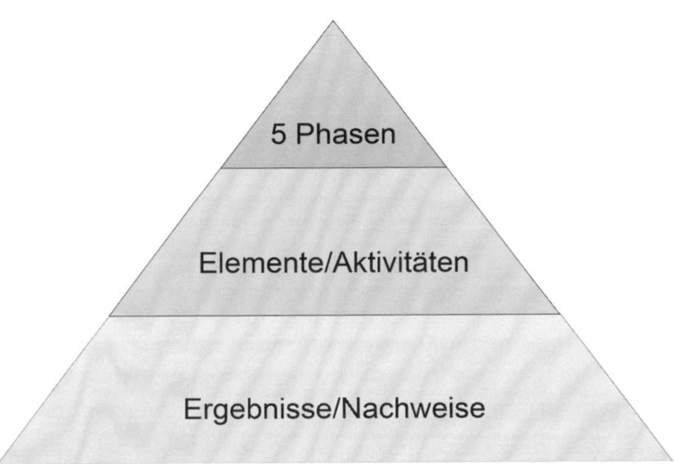

Bild 8: Vorstellung über die drei Level der Anforderungen. Die 5 Phasen teilen sich in etwa 40 bis 50 Elemente, die wiederum in Ergebnisse und Nachweise als unterstes Level münden.

Hier ein einfaches Beispiel, um die immer gleiche Vorgehensweise zu verstehen:

Beispiel:

In der Phase 4 (Produkt- und Prozess-Validierung) gibt es ein APQP-Element (Aktivität) um eine Erstmusterprüfung (*First Article Inspection*) durchzuführen. Diese Aktivität (das Durchführen) ist das Element (Das Messen, das Sichten, das Auswerten etc.).

Ein Ergebnis aus dieser Aktivität ist der Bericht der Erstmusterprüfung (*First Article Inspection Report*-FAIR) und somit das Ergebnis oder auch „Liefergegenstand“, welches der Kunde als Beweis (Nachweis) der erfolgreichen Durchführung meist auch sehen möchte.

Dieses Beispiel lässt bereits erkennen: APQP bedient sich hauptsachlich der bereits vorhandenen Werkzeuge und setzt diese in die effizienteste Reihenfolge, um das Ergebnis des einen als Input für den anderen zu verwenden.

Ein weiteres Beispiel, diesmal aus der Entwicklung:

In der Phase 2 verlangt APQP nach einer Risikoanalyse, bezogen auf das Produkt, beziehungsweise dessen Erfüllung von Anforderungen und Zuverlässigkeit. Ein mögliches Ergebnis hieraus wäre zum Beispiel eine Zusammenfassung der Top 5 identifizierten Risiken (Beispielsweise Top 1: Brennbarkeitswahrscheinlichkeit) und der Umgang mit diesen Risiken. In APQP in Phase 2 ist dafür das Element „Design Risikoanalyse" vorgesehen. Mit dem in einer Exceltabelle sichtbaren Risiko der Brennbarkeit und einer Aktion des Herrn Meyer bis zum 07. November ein Labor zu beauftragen, um die Brennbarkeit auszuschließen, hat man einen Teilnachweis der Durchführung.

Der Prozess befindet sich nun in Phase 2. Die Durchführung der vorläufigen Risikoanalyse ist das Element (Aktivität). Ergebnisse und Nachweise (Liefergegenstände) sind in diesem Fall die Aufzeichnungen über die Top-5-Risiken, zum Beispiel in einer Exceltabelle gelistet. Außerdem bedarf es des Nachweises der ordentlichen Durchführung des Elements. Dieser kann durch verschiedenste Aufzeichnungen gegeben sein, zum Beispiel durch ein Zertifikat einer Brennbarkeitsstudie oder die FMEA-Schulungsbestätigung der MFT-Teilnehmer.

In der Norm DIN EN 9145 in Kapitel 3.6 ist die Wortwahl für Liefergegenstände/Leistungen/Ergebnisse leicht verwirrend. In der deutschen Sprache trifft es wohl das Wort „Nachweise" am besten und wird daher in diesem Buch weiterhin so verwendet. In der englischen Fassung der Norm finden Sie den Ausdruck *Deliverable*. Die Normen sind relativ neu und ich denke, dass sich das noch finden muss. Es mag dem Unternehmen überlassen sein, welcher Ausdruck es am besten in der deutschen Prozessbeschreibung trifft. In den englischen Ausführungen sollten allerdings die industriebekannten Ausdrücke *Phases*, *Elements and Deliverables* verwendet werden.

Sag's noch einmal Dirk:

APQP besteht aus 5 Phasen, knapp 50 Elementen (Dinge, die zu tun sind) und, je nach Aufgabe des Unternehmens, 20–40 Nachweisen, die zu liefern sind (meist an den Kunden).

6 Phase 1: Planung

6.1 Einleitung

Die Phase 1 ist innerhalb von APQP die erste Aktion als solches in einem Projekt. In dieser Phase wird zum Beispiel das Team aufgestellt und erste Dokumente werden gesichtet. Es findet ein Austausch statt und eine erste Bewertung der Machtbarkeit des Projektes.

Hinweis:

Es gibt Unternehmen, die intern eine imaginäre Phase 0 installiert haben. Diese Phase 0 beinhaltet Vorbereitungen, wie zum Beispiel die Entscheidungen des Teamleiters des Projektmanagements über den Ressourcenaufwand für das Projekt. Teilweise werden in dieser Zeit auch Entscheidungen darüber getroffen, ob APQP direkt in seiner Fülle oder eine vereinfachte *light* Version von APQP eingeführt werden soll. Beides scheint das Projekt im ersten Moment einfacher, schneller oder billiger zu machen, das ist aber falsch!

Empfehlung:

Ich rate dringend davon ab, solche normenfremden Ausdrücke wie *APQP light* und Sonderteilprozesse wie *Phase 0* zu benutzen. Alles was Vorbereitungen für die Phase 1 sind, sollte als solches deklariert werden, außerhalb von APQP. Durch den Ausschluss von Elementen, welches nicht von Vorteil ist, mag ein APQP-Projekt leichter werden, aber ein „APQP light" will bestimmt kein Auditor oder Kunde hören. Das hört sich eher danach an, dass nur ein bisschen APQP gemacht wurde.

Empfehlung:

APQP sollte, nach der Durchführung von zwei bis drei Pilotprojekten, unter besonderer Beobachtung zum Standardprozess des Qualitätsmanagementsystems gemacht werden. Die laufenden Prozesse sollten dann so umgeändert werden, dass diese unter normaler Arbeitsweise den APQP-Anforderungen folgen. Ein ständiges Wechseln zwischen Projekten mit und Projekten ohne APQP wird langfristig nur zu Verwirrung führen. APQP ist flexibel genug (Stichwort: Berechtigtes Ausschließen von Elementen) um verschiedene Prozesse und Produkte zu bedienen.

Empfehlung:

APQP als Vorgehensweise sollte dem Kunden aktiv angeboten werden. Damit hat man oft einen Pluspunkt in der Angebotsphase, denn auch der Kunde muss seinem Kunden gegenüber nachweisen, dass er die Vorgaben von APQP an die eigenen Lieferanten weitergeleitet hat.

6.2 Fallbeispiel

Alles beginnt mit einer Idee. Im folgenden Fallbeispiel benötigt der Kunde, der auch verantwortlich für das Design und die Entwicklung ist, eine Hydraulikpumpe für ein Triebwerk. Was ist nun das Erste, an das man denken sollte? Hier ein paar Beispiele:

- Welche Leistung (in etwa) soll die Pumpe haben (Eingang und Ausgang)?
- Welche Pumpenart?
- Wo soll die Pumpe installiert sein?
- Wie viele Pumpen benötigt der Kunde pro Jahr?
- Welche Lebensdauer soll die Pumpe haben?
- Wie oft soll sie gewartet werden? Oder soll sie wartungsfrei bleiben?
- Wie viel soll oder darf die Entwicklung kosten und wie viel Materialeinsatz wird erwartet?
- Wie hoch soll die Qualität sein, wie hoch darf die maximale Ausfallrate sein?
- Wie sieht die Logistik zum Kunden aus?
- Welche Ersatzteile müssen dauerhaft vorgehalten werden und wo werden diese gebraucht?

All dieses wird in der Phase 1 erst einmal diskutiert und vorläufig entschieden, ohne dass überhaupt angefangen wird etwas zu entwickeln oder gar zu produzieren. Ein guter Input hierfür ist eine Spezifikation eines ähnlichen Bauteils, falls vorhanden.

Ein weiterer wichtiger Punkt ist, sich aus dem Bereich Wissensmanagement die *Lessons-Learned*-Daten anzusehen. Gab es bereits ähnliche Projekte im Unternehmen? Was waren die Erkenntnisse daraus? Was waren Risiken, die zu Ereignissen führten und welche Risiken können aus der vorhandenen Erfahrung heraus ausgeschlossen und daher das Produkt günstiger angeboten werden?

All diese Dinge werden, wie bereits beschrieben, im MFT diskutiert und entschieden. Die Produktion ist bereits an diesem Punkt mit am Tisch, genauso wie die Qualitätsabteilung. Involviert werden sollten alle benötigten Stellen, das heißt jeder, der einen *Input* leisten kann oder eine Information aus dem MFT benötigt, um seinen Anforderungen gerecht zu werden. Handelt es sich um ein großes Projekt mit beispielsweise über 10 % des Gesamtumsatzes, sollte auch die Personalabteilung dabei sein, um gegebenenfalls über die vorhandenen Produktions- bzw. Entwicklungskapazitäten zu berichten. Kommen neue Mitarbeiter an Bord und wie sind deren Kenntnisse bezüglich Hydraulikpumpen? Die Verkaufsabteilung darf gerne eingeladen werden, wenn es ein Kunde ist, der noch nicht bekannt ist, oder spezielle Anforderung hat. Das Topmanagement sollte teilnehmen, wenn dieses Projekt von strategischer Bedeutung ist. Wenn das Unternehmen beispielsweise versucht der Marktführer im Segment Hydraulikpumpen zu werden, kann das Topmanagement eventuell mit Geld Wege frei machen.

6.3 Übersicht der Themen in der Phase 1

Wie werden die Forderungen der Phase 1 abgedeckt und wie wird sichergestellt, dass an alles gedacht wurde? Indem einzelne Elemente der Phase 1 schrittweise erfüllt werden. Diese zielen hauptsächlich darauf ab, alles vorläufig zu betrachten, das Projekt bekannt zu machen und erste Daten intern und extern abzustimmen.

6.3.1 Input sammeln

Das Sammeln und Sichten aller Informationen, die benötigen werden, ist die erste Aktion. So einfach es klingt: Es ist Aufgabe der Projekt- oder Programmmanager die Fakten zu beurteilen, vorzusortieren und zu entscheiden, ob diese Erkenntnisse Einfluss auf das Projekt haben könnten oder nicht. Im Zweifel wird die Sachlage dem MFT vorgelegt.

Bisher wird dies normalerweise bereits in einer *Bid-or-no-bid*-Bewertung geklärt, die jedoch oft durch den Willen getrieben wird, das Projekt zu gewinnen. Für APQP steht es an erster Stelle, böse Überraschungen zu vermeiden, das heißt: Ein ehrlicher und neutraler interner Umgang mit den gesammelten Daten ist essenziell.

Beispiel:

Wenn ein Unternehmen ein Bauteil liefern soll, welches aus Kohlefaser produziert werden soll, und die Firma bisher nur Aluminium genutzt hat, so ist dieses eine sehr wichtige Information, welche bekannt gemacht werden muss. Diskutiert und bewertet wird diese Information später. Wenn in die Rüstungsindustrie geliefert werden soll und es hiermit noch keine Erfahrungen gibt, so wird auch dieses vermerkt und nicht verheimlicht. Die Wichtigkeit dieser Information, genau wie das Risiko, wird später wieder aufgenommen und bewertet.

Zu diesem Zeitpunkt ist noch keine detaillierte Risikobewertung gefragt. Meist findet solch eine Bewertung bereits vorher im Kopf statt, allerdings fordert APQP eine explizite dokumentierte Identifizierung dieser Themen erstmals in Phase 1.

Es ist zu diesem Zeitpunkt unwichtig, wie groß eine Bohrung sein soll oder welche Farbe das Bauteil hat. In Phase 1 werden projektspezifische, grobe Erkenntnisse, soweit vorhanden, gesammelt und dokumentiert. Die Erkenntnisse werden im MFT bekannt gegeben. Falls nötig, ist eine Einbindung der Lieferanten des Vertrauens schon hier sinnvoll. Die *Lessons-Learned*-Datenbank hilft bei der Identifizierung von Themen, mit denen es noch keine oder nur schlechte Erfahrungen gibt. Gibt es spezielle Risiken oder gibt es positive Erfahrungen, die schon in einem ähnlichen Projekt gesammelt werden konnten und hier verwenden werden können?

Ein einfaches Template, zum Beispiel eine *Minutes-of-Meeting-(MoM)*-Form, dient hier schon der Dokumentation. Eine MoM mit dem Titel des Projekts und dem Zusatz APQP-Element xyz spiegelt dann sehr einfach die Erfüllung des Elements der Phase 1 wider. Zum Beispiel: „Kundenprojekt Welle 2 Alpha nach APQP, Projektinput". Damit gibt es gleichzeitig einen Nachweis der Durchführung sowie der Anwendung von APQP.

Die frühe und strikte Berücksichtigung der Kundenwünsche und anderer Anforderungen, welche bereits bekannt sind, helfen Nachbesserungen und Änderungen zu vermeiden. Hierfür können Quellen, wie zum Beispiel der Kunden selbst oder die Verkaufsabteilung, die den Kunden gut kennt, genutzt werden. Die sofortige Einbindung der Produktion, der Qualitätsabteilung und der Entwicklung ist von Vorteil. Diese können hier meist schon Erfahrungen mit dem Kunden oder anderen externen Kunden, zum Beispiel den Behörden, einbringen.

Hinweis:

Sollte bereits DIN EN 9100 im Unternehmen implementiert sein, so folgt man am besten dem Prozess des Änderungsmanagements bei Änderung der Vorgehensweise, Benennung neuer Verantwortlicher oder der Benutzung neuer Formblätter. In der Einführungsphase von APQP kann es dazu kommen, dass andere Projektleiter im Unternehmen Projekte auf den Weg bringen, die weder nach den bekannten Prozessen bearbeitet werden, noch der alten Formblätter bedürfen etc. Diese Übergangszeit sorgt leider für etwas Mehraufwand, welcher koordiniert sein muss, wie bei jeder Änderung im Unternehmen. Das Vorgehen sollte bereits bekannt sein: Je nach Vertrag kommen bei dem gleichen Kunden eventuell andere Forderungen zum Tragen. Ältere Projekte haben meist weniger Forderungen, denen sie folgen müssen oder andere Werkzeuge, die sie nutzen. Es ist wichtig, dieses säuberlich zu trennen. Es muss nachvollziehbar sein, warum eine Vorgehensweise bei einem Bauteil angewendet wurde und bei einem anderen nicht. Für laufende Projekte ist APQP daher nicht geeignet. Zu komplex wären die nachträglich implementierten Forderungen und deren Auswirkungen. Es würden sämtliche Inputs hierfür fehlen. APQP ist hauptsächlich gedacht für neue Projekt, für Änderungen oder Modifikationen, die zu neuen Teilenummern führen. Der Kunde wird, sofern er sich mit APQP auskennt, hier die Richtlinie vorgeben.

6.3.2 Ziele festlegen

Ziel dieses Elementes ist es, interne Ziele für den Prozess festzulegen. Diese werden meist durch Leistungszahlen (KPIs) ausgedrückt, die auch schon im Rahmen von DIN EN 9100 genutzt werden. Leistungszahlen, sowohl des Produkts als auch interne (zum Beispiel Maschineneffizienz), sind wichtige Zahlen, die helfen, potenzielle Zielerreichungsgrade korrekt zu bewerten und entsprechend Entscheidungen zu treffen. Diese können auch in einem späteren Projekt dazu dienen einen Vorteil anstelle eines Mehraufwands zu identifizieren. KPIs versetzen uns zum Beispiel in die Lage ein Produkt billiger anbieten zu können (oder eine höhere Marge zu erzielen). Folgen sollte man unbedingt den Mindestanforderungen im Unternehmen bezüglich des zu erreichenden Ziels, die aus dem *Management Review Meeting* stammen. Wichtig dabei im Auge zu behalten ist, dass eine Nichterreichung projektspezifischer Qualitätsziele, die den Unternehmenszielen untergeordnet sind, diese Unternehmensziele gefährden können. Diese Abweichung (Nichterreichung) in einem Projekt muss dann irgendwo, in anderen Projekten, wieder aufgefangen werden. Beziehen Sie also das Management mit ein. Es ist außerdem sinnvoll, im MFT festzulegen, welche Anforderungen des Kunden übertroffen werden sollen. Wo gibt es Platz für Innovationen? Es kann helfen, historische Daten anzuschauen. Sind Annahmen aus Projekten richtig gewesen? Und wenn nein, warum? Gab es unrealistische Ziele? Lernen Sie aus diesen Fehleinschätzungen und bewerten Sie neu. In Zukunft können Annahmen genauer getroffen werden und das Unternehmen wird daher besser aufgestellt.

6.3.3 Internes Wissen nutzen

Im Laufe des Prozesses von der Entwicklung und bis zur Nutzung eines Produktes, werden einige getroffene Aussagen aus den Augen verloren. Diese Entwicklung ist normal, wenn die Stellen, die ein Produkt entwickeln, nicht für deren Wartung, Instandsetzung oder Austausch verantwortlich sind. Hierdurch gehen wichtige Informationen verloren bezüglich der Richtigkeit und Zuverlässigkeit unserer Annahmen beziehungsweise deren Quellen.

Beispiel:

Eine Hydraulikpumpe wird für eine Lebensdauer von 25.000 Arbeitsstunden entwickelt. Es werden 1.500 Stück produziert. Eine Instandhaltungsorganisation tauscht im Laufe mehrere Jahre 1.000 dieser Pumpen aus (Grund: 80 % Leckage, 10 % elektrischer Fehler, 8 % erheblicher Leistungsverlust durch Kavitation). Im Schnitt haben die Pumpen 32.000 Arbeitsstunden bis zum Austausch (nur vier Pumpen wurden vor Erreichen der 25.000 Stunden ersetzt) geleistet.

Diese Information ist enorm wertvoll für neue Projekte, um:

a) eine höhere Lebensdauer anzubieten und damit eventuell einen höheren Preis zu rechtfertigen,

b) die Anschlussstellen (Leckagen) zu verbessern,

c) dem Kunden Beweise für die Zuverlässigkeit der eigenen Produkte zur Verfügung zu stellen,

d) die Lagerbestände für Ersatzeile zu reduzieren.

Bisher nutzt nur ein Bruchteil der Unternehmen (ca. 10–20 %) diese wichtigen Informationen effizient für eine langfristige Verbesserung.

6.3.4 Produkt-Strukturplan *(Preleminary Product Breakdown Structure)*

Sobald es eine erste Vorstellung gibt, wie das Produkt in etwa aufgebaut sein soll, folgt eine Evaluation, welche Fremdteile es beinhaltet und welche Lieferanten dafür in Frage kommen. Hat das Bauteil beispielsweise ein Kugellager, so wird dieses klar abgebildet. Das machen die Entwicklungsorganisationen schon heute mit der sogenannten *Product Breakdown Structure* oder einer einfachen Explosionszeichnung. APQP fordert, dieses bereits sehr früh im Prozess und vorläufig zu tun. Damit soll erreicht werden, dass jede Stelle eine Vorstellung davon hat, was auf sie zukommt. So kann zum Beispiel die Einkaufsabteilung rechtzeitig erkennen, dass in naher Zukunft viele Kugellager benötigt werden. Ein potenzielles Risiko, keinen zugelassenen Lieferanten zu haben oder den Lieferanten nicht rechtzeitig zuzulassen, kann damit verringert werden. Da zu diesem Zeitpunkt (Phase 1) noch keine in die Tiefe gehende Risikoanalyse durchgeführt wurde, ist es sinnvoll Sichtbarkeit zu erzeugen. So gehört auch eine vorläufige Stückliste zu den Forderungen von APQP. Diese Sichtbarkeit dient auch der *Make-or-Buy*-Entscheidung. Wie bereits erwähnt: Viele Unternehmen können diese PBS und Stückliste jederzeit vorzeigen, da dies auch eine Forderung der meisten Kunden beziehungsweise ein Teil der Entwicklungsdaten und eventuell sogar der Arbeitsplatzunterlagen ist. APQP fordert dieses nun früher und in verschiedenen Versionen: vorläufig und endgültig, wobei die endgültige Version erst bei Freigabe der Entwicklungsunterlagen in Phase 2 benötigt wird. Hier geschieht also nichts Neues, sondern nur eine Art der früheren Sichtbarmachung für das gesamte MFT. Wie anfangs erwähnt: Das Ziel ist es proaktiv und vorausschauend zu werden.

Diese vorläufigen Fakten sollten im MFT kommuniziert werden. So kann diese Aufzeichnung zum Beispiel dem Einkäufer einen wichtigen Hinweis geben darüber, dass die derzeit zugelassenen Lieferanten nicht in Frage kommen, da diese kleinen Lager nicht von den bekannten Lieferanten angeboten werden. Maßnahmen können früh getroffen werden. Eine Maßnahme kann zum Beispiel die Verwendung von Rollenlagern sein, denn eine Bauteilzeichnung existiert noch nicht zu diesem Zeitpunkt und ein Umdenken ist zu diesem Zeitpunkt wesentlich einfacher als nach Freigabe der Zeichnungen. Oder aber der Einkauf schreibt die benötigten Teile neu aus.

Hinweis:

Gibt es schon hier potenzielle Risiken, die erkannt werden, sind diese unbedingt zu dokumentieren und in den dafür vorgesehenen Elementen (Risikoanalyse) zu bearbeiten. Das schafft das nötige Vertrauen im Projekt voranzuschreiten und frühe Gedanken der Resignation zu vermeiden. Der Pessimismus soll aus dem Projekt herausgenommen und durch einen Willen zur Problemlösung ersetzt werden.

6.3.5 Vorläufiger Beschaffungsplan

Soeben wurde der Produkt-Strukturplan vorgestellt. Wie im vorhergehenden Kapitel beschrieben, ist es sehr wichtig, so früh wie möglich potenzielle Risiken in der Lieferkette zu identifizieren. Der Einkauf sollte deswegen auch Bestandteil des MFT sein. Auch hier ist es wieder sinnvoll die *Lessons-Learned*-Datenbank zu betrachten, um die Marktsituation für die in Zukunft benötigten Teile zu beurteilen. Gab es früher schon einmal Schwierigkeiten bezüglich der Qualität oder des Liefertermins? Hier wird überdies schon einmal ein oberflächlicher und vorläufiger Blick auf die Liefertreue der benötigten Lieferanten geworfen.

Empfehlung:

Der Beschaffungsplan ist, wie auch viele andere APQP-Ergebnisse, ein lebendes Dokument. Änderungen sind meist unumgänglich und oft sogar gewollt. Aufgepasst werden muss hier, da jedes Element und jedes Ergebnis Input für andere Elemente liefert. Entsprechend sollte stets beurteilt werden, ob eine Änderung eines Elements potenzielle Auswirkungen auf einen Nachfolger hat.

6.3.6 Effizienter Projektplan

„Die Organisation muss einen Projektplan erstellen", heißt es in der Norm (Kapitel 4.3.3). Das ist tatsächlich eine Neuerung und essenziell im APQP-Projekt. Der Projektplan ist, wie schon beschrieben, auch eine Grundvoraussetzung von APQP und ein wichtiger Meilenstein. Ein im MFT abgestimmter Projektplan führt durch das Projekt. Bereits heute sind solche Projektpläne ein häufig genutztes Instrument. Das Neue ist: Alle betroffenen Abteilungen erarbeiten und akzeptieren den Projektplan und verpflichten sich somit auch diesen einzuhalten. Außerdem sollte der Projektplan jetzt die Phasen und Element von APQP widerspiegeln.

In einem Standardprozess wird der Kunde ein gewisses Lieferdatum vorgeben und alle anderen Stellen werden sich danach richten. Die Planung der Kapazitäten wird dann dementsprechend angepasst. Dieses führt später oft zu kostenintensiven Überstunden oder Lehrlaufzeiten. APQP fordert das Erarbeiten des Projektplans im MFT:

- Die Entwicklung beantwortet die Frage: Wann hat die Entwicklungsabteilung die Kapazität für das Projekt?
- Der Einkauf beurteilt: Wann kann der Lieferant liefern, inklusive der bestandenen Erstmusterprüfung für das Kugellager?
- Der Produktionsleiter gibt Auskunft über: Ist die bestellte Maschine sicher verfügbar und justiert oder kann es sein, dass diese erst eine Woche später benutzt werden kann?
- Die Produktion sollte das O.K. dafür geben, die benötigte Mitarbeiteranzahl für das Projekt in der Spätschicht verfügbar sowie die neue Maschine betriebsbereit zu haben (evtl. abgestimmt mit dem Einkauf)

Wenn alle Stellen sich einig sind, wird dementsprechend geplant. Und die MFT-Teilnehmer übernehmen hierfür die Verantwortung. Der Vorteil hierbei ist: Die gesamte Organisation läuft nicht mehr der Einhaltung der Versprechen der Verkaufsabteilung hinterher. Natürlich wird es immer wieder zu Änderungen oder unvorhergesehenen Einschnitten kommen. Dies kann auch ein wichtiger Kunde sein, der „dazwischengeschoben“ werden muss. Ziel ist es aber, so ehrlich wie möglich mit sich selbst zu sein und alle anzuhören, die die Details kennen. Und ja, es wird einen Projektplan Version 2.0 und Version 3.0 geben, aus den oben genannten Gründen. Aber insgesamt kommt die Planung der Wirklichkeit näher.

Der Projektplan sollte alle anwendbaren Meilensteine enthalten, die gleichzeitig auch die Elemente sind, aus denen sich APQP zusammensetzt (Phase 1 bis 5 und deren Elemente). Die nicht zur Anwendung kommenden, also ausgeschlossenen Elemente, werden hier nicht berücksichtigt. Welche Elemente ausgeschlossen wurden, sollte in einer MoM oder einer dokumentierten MFT-Liste separat kenntlich gemacht worden sein.

Fragen, die sich bei der Erstellung des Projektplans immer wieder stellen, sind solche bezüglich der Detaillierungsgrade. Je größer ein Projekt, desto risikoreicher? Vielleicht! Sollte man deswegen mehr Fokus auf Risikoanalyse legen? Eine einfache Antwort darauf gibt es nicht. Der Grad der Detaillierung sollte stets nach der Sinnhaftigkeit gewählt werden. Das heißt, dass die internen und externen Kunden dieses Dokuments alles Nötige herauslesen können. Also alles, was die interne Planung benötigt. Die Produktion sollte erkennen, wann sie mit dem Projekt konfrontiert wird, also wann sie etwas zu tun, zu liefern oder auch vorzubereiten hat. Welche Abteilung ist für die Freigabe der Entwicklungsunterlagen verantwortlich und wann ist diese geplant? Es sollten keine Fragen bezüglich Terminen und Verantwortlichkeiten offenbleiben.

Alle Verantwortlichen und Wissenden gemeinsam gestalten den Projektplan. Der Projektplan wird als Kommunikationsmittel und als Fahrplan für das Projekt genutzt. Verantwortliche sind hierin benannt, genauso wie vorläufig die Lieferanten. Eventuell kann ein Teil des Projektplanes sogar als vertraglicher Zusatz mit den Lieferanten genutzt werden, zum Beispiel bezüglich des Lieferdatums oder der Erstmusterprüfung. Auch der Lieferant arbeitet in der Luftfahrt und muss früher oder später APQP folgen und einen Projektplan erstellen, der in den eigenen hineinspielt.

Empfehlung:

APQP-Leitende sind wertvoll, um stetig die Qualität des Prozesses zur Erstellung des Projektplans im Auge zu behalten und Verbesserungen einfließen zu lassen. Der Projektplan, also das Layout und die Arbeitsweise des Erstellens, werden gerade in den ersten Monaten noch ständig verbessert werden müssen. Es ist sinnvoll, die internen Kunden des Projektplans nach ihrer Meinung bezüglich des Aufbaus und der enthaltenen Informationen zu fragen und diese Aussagen in die Verbesserung miteinfließen zu lassen.

Empfehlung:

Der projektspezifischen Projektplan sollte von allen Involvierten unterschrieben werden, damit das Bewusstsein für die Verantwortung wächst, das Geplante nicht zu gefährden. Außerdem steigen die Anstrengungen, das Entschiedene auch umzusetzen. Achtung: Kommuniziert werden sollte hier klar, dass ein „ohne Rücksicht auf Verluste“ nicht der richtige Weg ist. Wir befinden uns in Phase 1 und machen Annahmen. Sollten Änderungen nötig sein, so sollte das Team ermuntert werden, auch diese offen zu kommunizieren, bevor es zu spät ist. Das MFT unter der Leitung des Projekt- oder Programmmanagers und des APQP-Leiters sind dann dafür verantwortlich eine zweite Version zu erarbeiten und diese zu kommunizieren.

Empfehlung:

Sollte nach ehrlichem Ermessen die Kapazität nicht ausreichen, um kundengetreu den Wunschtermin zu halten, sollte offen damit umgegangen werden.

Werden Zahlen schöngerechnet, so macht der Projektplan keinen Sinn. Verantwortliche sollten daher keinesfalls unter zu hohen Druck gesetzt werden, Dinge möglich zu machen, die in der Realität nicht möglich sind oder hohe Risiken in sich bergen. Genutzt werden sollten hier wirkliche, effizienzsteigernden Maßnahmen. Zum Beispiel das Bewerten, ob eventuell die Personalabteilung die Kapazitätsgrenze (vorübergehend) erhöhen kann, oder ob etwas ausgelagert werden muss.

6.3.7 Erste Risikoanalyse

Wir Menschen, und noch viel mehr wir in der Qualitätssicherung, haben es im Blut beim ersten Kennenlernen des Projekts schon Dinge zu erkennen, die es uns schwer machen werden Ziele zu erreichen. Jemand sagt, dass etwas in Zukunft anders gemacht wird und schon fallen uns mehrere Dinge ein, warum das schwierig wird. Hinzu kommt, dass Änderungen bekannterweise immer einen Aufwand darstellen und ein Risiko. Eine erste geordnete Risikoanalyse ist also schon jetzt sinnvoll, um einzuordnen, ob unser erstes Gefühl richtig ist. Diese Analyse sollte je nach Größe des Projekts mehr oder weniger aufwendig ausfallen. Bei einem Projekt, welches im Vergleich zu anderen Projekten klein ist oder nur geringer Ressourcen bedarf, reicht hier auch die Aufzeichnung eines Brainstormings des MFTs mit den Top 3 der Dinge, die im Auge behalten werden sollten und um die man sich kümmert. Bei größeren Projekten darf es schon in Phase 1 ein bisschen detaillierter sein. Zum Beispiel so:

- Risiko 1: Wenn wir nicht nach Spezifikation anbieten können, dann verlieren wir den Kunden auch für andere Projekte. Ein *bid to loose* kommt nicht in Frage.

  Aufgabe: Entwicklungsabteilung unterstützen, fünf Ingenieure einstellen

  Verantwortlich: Personalabteilung und Entwicklungsabteilung

  Datum Umsetzung: KW xx

- Risiko 2: Wir haben kein internes *Know-how* in unserer Entwicklungsabteilung bezüglich des Anodisierens von Aluminiumlegierungen.

  Aufgabe: Mitarbeiter mit entsprechenden Kenntnissen finden und unter Vertrag nehmen.

  Verantwortlich: Personalabteilung und Produktion

  Datum: Einstellungsdatum 4 Wochen vor Projektstart (KW xx)

Empfehlung:

Da APQP in allen 5 Phase fordert, die jeweiligen Aktionen zu verfolgen, empfiehlt es sich spätestens jetzt eine Software zu haben, die alle Aktionen, auch die außerhalb von APQP, verfolgt. Keiner möchte 10 verschiede Exceltabellen öffnen, um zu sehen, ob alles läuft oder ob man irgendwo spät dran ist.

6.3.8 Vorläufiges Prozess-Flussdiagramm

Die Forderung nach einem Prozess-Flussdiagramm wird im Kapitel 8 zur Phase 3 noch einmal im Detail erläutert. In dieser Phase 1 und als vorläufiges Dokument ist hier eine Aufzeichnung der Abfolge von Produktionsprozessen gefordert. Zu diesem Zeitpunkt ist diese jedoch noch relativ einfach gehalten bezüglich des Detailierungsgrades. Es geht darum einmal aufzuzeigen, welche Hauptprozesse an der Produktion beteiligt sein werden.

Beispiel:

Ein Hydraulikpumpengehäuse hat die Hauptprozesse Gießen (extern), Fräsen, Bohren und Inspizieren. In Phase 1 sollte nicht viel weiter ins Detail gegangen werden.

Empfehlung:

APQP ist ein „gruppendynamisches Spiel". Auch der Kunde, der APQP verlangt, muss eventuell Informationen oder Nachweise liefern oder bewerten, zum Beispiel eine Spezifikation an den Lieferanten. Vereinbarungen (evtl. vertraglich), dass eine spätere Lieferung von Daten oder Informationen etc. zur Änderung des Projekt-Planes führen kann und somit der Kunde dann mitverantwortlich ist, sind meist sinnvoll.

Beispiel:

Um eine Erstmusterprüfung durchführen zu können, werden die KCs von der Entwicklungsabteilung beim Kunden benötigt. Sind diese nicht wie im Projektplan verfügbar, so ist die Ursache für eine verzögerte Erstmusterprüfung nicht in der Produktion zu finden. Die Entwicklungsabteilung ist hierfür verantwortlich zu machen. Mit der detaillierten Aufzeichnung der Planung und Abstimmung hat man also ein gutes Mittel, um sich zur Wehr zu setzen.

Leider passiert es immer wieder, dass Lieferanten einen negativen Eintrag erhalten, obwohl die Ursache zum Beispiel beim vom Kunden ausgewählten Unterlieferanten liegt. Daher es ist mittlerweile manchmal notwendig, im Kampf für gerechte Bewertungen Einspruch einzulegen.

Sag's noch einmal Dirk:

Die Phase 1 ist der Ursprung und arbeitet hauptsächlich mit vorläufigen Daten und Annahmen. Es ist wichtig, dass in dieser Phase Wissen gesammelt, Kollegen informiert, Verantwortlichkeiten benannt und stetige Verbesserungen angeregt werden. Sowohl als reines Entwicklungsunternehmen als auch als reines Produktionsunternehmen arbeiten Sie in dieser Phase 1.

7 Phase 2: Produktdesign und Entwicklung

7.1 Einleitung

Die Phase 2 findet hauptsächlich für diejenigen statt, die mit der Entwicklung des Produktes beschäftigt sind. Da APQP aber von der Kommunikation zwischen den einzelnen Bereichen lebt, haben auch andere Akteure wie Produktions- oder Instandhaltungsunternehmen eine zentrale Rolle: Das Bereitstellen von Informationen.

Ausschlaggebend in dieser Phase ist es, Wissen, wo immer im Produktlebenszyklus vorhanden, zu nutzen und in die in dieser Phase anstehende Konstruktion einfließen zu lassen.

7.2 Fallbeispiel

Als wesentliche Neuerung in dieser Phase möchte APQP, dass Daten gesammelt werden bezüglich der Erfahrungen mit ähnlichen oder gleichen Produkten aus dem eigenen Unternehmen. Zum Beispiel, wie sich die Hydraulikpumpe verhält, die vom Unternehmen mit zahlreichen Annahmen vor 5 Jahren entwickelt wurde, und ob es an Stellen im Prozess Probleme mit der Pumpe gab oder Verbesserungspotenzial erkannt wurde. Motorenhersteller machen dieses bereits vorbildlich, indem Sie sich die Daten direkt aus dem Flug senden lassen. Sollte eine Hydraulikpumpe stets eine zu hohe Öltemperatur aufweisen (die Öltemperatur mag nicht einmal kritisch sein, sondern lediglich kurz unter dem oberen Limit, also bevor überhaupt eine Meldung in das Cockpit geht), wird diese Information live an den Triebwerkshersteller gesendet und, unter anderem, in der Entwicklungsabteilung verwertet. Dieses Wissen kann dann die Konstruktion der nächsten Generation von Hydraulikpumpen verbessern, durch beispielsweise eine Verstärkung der Kühlung. Des Weiteren geht diese Phase auf die Bedürfnisse der Produktion und der Instandhaltung ein, indem die Bedürfnisse für eine einfache und effiziente Montage berücksichtigt werden.

7.3 Übersicht der Themen in Phase 2

Die Elemente der Phase 2 dienen dazu, eine möglichst fehlerfreie und verbesserte Entwicklung zu gewährleisten mit

- der Zufriedenstellung des Kunden,
- der Berücksichtigung der vorbereitenden Maßnahmen aus Phase 1,
- der Vermeidung früherer Fehler,

- der Möglichkeit einer einfacheren Wartung oder des Ersetzens eines Bauteils, falls nötig,
- einer einfachen Gestaltung der Produktion und Montage des Bauteils,
- einer Vermeidung von Lieferteilen mit mittlerem oder gar großem Risiko und
- einer Freigabe von risikoarmen Entwicklungsunterlagen an die Produktion.

7.3.1 Die Risikoanalyse in der Entwicklungsphase

Die Risikoanalyse während der Entwicklungsphase ist essenziell. Denn (wie bereits erläutert) ist das zentrale Ziel von APQP, dass Fehler vermieden und Kosten gesenkt werden. Ist ein Fehler erst einmal in einer Zeichnung, so sind die nächsten Schritte verheerend. Zeit und Ressourcen müssen also investiert werden, um den Teufel im Detail aufzuspüren, bevor Entwicklungsunterlagen an die Produktion freigegeben werden.

Wie eine Risikoanalyse in der Entwicklungsphase durchzuführen ist, ist nicht explizit vorgegeben. Geraten wird zu einer DFMEA (*Design Failure Mode & Effects Analysis*). In der DIN EN 9145 heißt es aber, man müsse „soweit gefordert", eine Abweichung von der DFMEA vom Kunden genehmigen lassen. Es kann also eine DFMEA sein oder auch ein Brainstorming der erfahrenen Ingenieure. Um Missverständnissen vorzubeugen, sollte die Art und Weise der Risikoanalyse in Abstimmung mit dem Kunden entschieden werden. Diese Risikoanalyse ist auch Bestandteil der Freigabe in PPAP (Freigabeverfahren), welches in einem späteren Kapitel noch genauer erläutert wird. Sollte der Kunde hierzu keine Vorgabe machen, ist es ratsam, die Risikoanalyse nach Projektgröße und erster Einschätzung des Gesamtrisikos zu gestalten. Hat das Unternehmen Erfahrungen mit ähnlichen Bauteilen oder ist das Gebiet neu? Bewerten Sie die Fähigkeit des Produktes, welches Sie entwickeln? Sind diese komplex? Gibt es Situationen, in denen das entwickelte Bauteil die Spezifikation nicht erfüllt oder erfüllen könnte? Welchen Einfluss hat die Funktion des Bauteils auf die Flugsicherheit?

Außerkraft setzen wollen wir hier Murphys Gesetz. Murphy sagt: „Was schief gehen kann, geht schief!" Hierfür ist das Denken *outside the Box* unumgänglich und eine gewisse Kreativität erforderlich. Als Ingenieur manchmal schwierig zu leisten.

Aus der Erfahrung heraus lohnt es sich bei neuen Themen, einmal jemanden miteinzubinden, der keinerlei Erfahrungen oder detailliertes Wissen über das Produkt hat. Diese Person sollte dann einmal vermeintlich dumme Fragen stellen. Hierbei tun sich oft ungeahnte andere Fragestellungen auf, die von den Experten nie in Betracht gezogen wurden.

Beachtet werden sollte stets:

- Was passiert, wenn das Bauteil versagt?
- Führt es zu Folgefehlern, die aus der eigenen Position nicht beurteilt werden können?

Ein gutes Indiz ist die Klassifizierung des Bauteils: Ist es ein Klasse-1-Bauteil, so gefährdet ein Ausfall das Leben der Passagiere. Ist es zum Beispiel Klasse 3, so sind die Risiken überschaubarer und es gibt keinerlei Gefährdung oder schwere Beeinträchtigungen des Fluggeräts. Vielleicht gibt es dann lediglich keinen Kaffee an Bord.

Wichtig ist es auch, hier eine mögliche Verschwendung im gesamten Produktlebenszyklus zu verhindern. Das sogenannte *overengineering* kann zu einem hohen Kostenfaktor werden, der nur in dieser Phase unter Kontrolle gebracht, verhindert beziehungsweise begrenzt werden kann. Ein einfach gehaltenes Beispiel für *overengineering* ist es, eine Flugzeugstruktur für das Fußbodengerüst für Frachter auszulegen, obwohl es ein Passagierflugzeug ist. Wiederkehrende hohe Treibstoffkosten durch zu hohes Gewicht würden den Kunden nicht zufriedenstellen.

Die wichtigste Frage, die beantwortet sein sollte, ist: Was soll mein Bauteil tun und wo ist es integriert? Ist dies bekannt, können Risiken entdeckt werden, die die Integration oder die Funktion gefährden können.

Empfehlung:

Bei der Identifizierung von Risiken, ist zu bedenken, dass wir Menschen uns unterschiedlich stark oder auch unterschiedlich laut für unsere Meinung einsetzen. Daher ist es wichtig, auch diejenigen zu hören, die eventuell etwas leiser sprechen, aber durchaus den Sachverstand mitbringen. Hierfür bietet es sich an, jeden einzeln anzuhören und auch punktuell nachzufragen, ob jemand noch etwas dazufügen möchte, was bisher vom MFT noch nicht aufgenommen wurde. Es soll vermieden werden, dass hinterher die Situation entsteht: „Habe ich ja gesagt, aber keiner wollte auf mich hören".

7.3.2 DFMA – Entwicklung für Herstellung und Montage *(Design for Manufacturing and Assembly)*

Hier kommen bereits die Produktion und die Montage ins Spiel. Auch wenn wir noch weit davon entfernt sind etwas zu produzieren, soll ein Bauteil vorausschauend entwickelt werden. Wie wird am besten sichergestellt, dass das Bauteil einfach zu produzieren ist? Soll es aus dem Vollen gefräst werden oder ist es einfacher Einzelteile zu verschrauben? Kann das Bauteil leicht in das nächsthöhere Sub-Assembly integriert werden?

Nun stellt sich die Frage: Wie kann jemand, der in dieser Phase arbeitet, also meist ein Ingenieur aus der Entwicklung, so etwas wissen? Meist fehlt hierfür die Erfahrung. Die Kollegen aus der Produktion könnten allerdings sicher stundenlang darüber berichten. Gut also, dass sowohl Kollegen aus der Produktion und der Montage Teil des MFTs sind. Wichtig ist, dass man keinerlei Scheu hat auf Informationen angewiesen zu sein. Die Produktion ist oft dankbar, wenn ihnen die spätere Arbeit leichter gemacht und deren Wissen wertgeschätzt wird.

Ein gutes Beispiel für eine Veranschaulichung ist es, sich einmal vorzustellen, wie viele Sonderwerkzeuge es in der Produktion und Montage von Luftfahrzeugteilen gibt. Ganze Prozessvorgaben beschäftigen sich mit der Zulassung solcher Vorrichtungen. Viele dieser Sonderwerkzeuge sind entstanden, weil die Konstruktion vorher nicht überlegt (oder gefragt) hat, wie man so etwas vernünftig und mit normalen Arbeitsprozessen und Werkzeugen installieren kann.

Eine persönliche Erfahrung waren die Drahtsicherungen an einem JT9-Triebwerk (ein Motor für die damalige Boeing 747), für die mehrere Spiegel, Verlängerungen und ein voller Arbeitstag benötigt wurden, da die zu sichernde Schraube hinter Hydraulikrohren, Luftleitungen und Kabeln versteckt war. Hätte der Entwickler dies einmal selbst tun müssen, hätte er sich für eine selbstsichernde Mutter entschieden, oder das Kabelbündel anders verlegt.

Zusätzlich werden in diesem Element der Phase 2 die sogenannten *Stack-ups* diskutiert. Es soll sichergestellt werden, dass das fertige Bauteil seine Funktion erfüllt, nicht nur die Einzelteile. Zum Beispiel kann es sein, dass wir bei stetiger Produktion am oberen Toleranzlimit am Ende im zusammengebauten Bauteil außerhalb der Gesamttoleranz liegen. Eine Analyse oder eine Bewertung, ist also eine Forderung von APQP innerhalb dieses Elements und sollte auch als Nachweis vorhanden sein. Falls dieses nicht zutreffend ist, schließen wir es aus den APQP-Forderungen aus.

7.3.3 DFMRO – Entwicklung für Wartung, Instandsetzung und Überholung *(Design for Maintenance Repair and Overhaul)*

Dieses Element soll mit einem Beispiel begonnen werden:

Beispiel:

Ein Bauteil, welches in dieser Phase noch ohne APQP entwickelt wurde, soll bei einem D-Check nach 8 Jahren ausgetauscht werden. Leider wurde die Bauteilmarkierung dort platziert, wo sie von einem anderen Bauteil, welches im Flugzeug verbleibt, überdeckt wird und somit nicht lesbar ist. Das Bauteil hat gut funktioniert, aber nun kann der Mechaniker es nicht eindeutig identifizieren, da er die Teilenummer nicht findet. Aufwendige Untersuchungen und die Einbindung des Entwicklungsbetriebs folgen. Dieses Szenario soll in Zukunft vermieden werden.

Eine andere Anforderung kann sein, dass ein Teil schnell austauschbar sein muss oder dass man den Filter reinigen kann, ohne das ganze Bauteil auszubauen. Man denke an das eigene Auto: Möchte man das Fahrwerk ausbauen müssen für einen Reifenwechsel? Ich war selbst Jahre als Flugtriebwerkmechaniker in der Flugerprobung bei Airbus beschäftigt und weiß, wie schwer solche Probleme einem das Leben machen können. Man sollte also schon bei der Entwicklung immer an die Kollegen im Blaumann denken und auch an den Profit ihres Kunden.

Ein in der Entwicklung tätiges Unternehmen sollte also, falls noch nicht geschehen, Kontakt zu einer MRO-Organisation aufbauen. Sich einmal zeigen zu lassen, wie das eigene Bauteil nach 2.000 Starts und Landungen aussieht, wie der Mechaniker dieses ersetzt und wie man es eventuell einfacher gestalten könnte, ist von unschätzbarem Wert. Auch hier gilt: Das Wissen ist vorhanden, doch leider nicht immer im eigenen Haus.

DFMRO hört sich im ersten Moment weniger wichtig an. Überholung und Wartung sind im Gesamtprozess weit entfernt von Entwicklung und Produktion. Mittlerweile haben aber auch die Fluglinien diese Wichtigkeit erkannt. Ob ein Flugzeug zehn oder zwölf Tage ausfällt, macht, in Euro gerechnet, einige Zehn- oder Hunderttausend aus.

7.3.4 Erstellung der Entwicklungsunterlagen

Ganz klar ist die Erstellung von Entwicklungsunterlagen diejenige Aufgabe, die das produziert, was wir von einer Entwicklungsorganisation eigentlich wollen und auch vor APQP getan haben. Es werden Zeichnungen, Bauteilpläne, Spezifikationen und eventuell sogar Software erstellt. Alle Tests hierfür finden auch in Phase 2 statt. Hauptverantwortlich hierfür sind die Design- und Entwicklungsingenieure, die wir mithilfe des Projektmanagers und des APQP-Leiters alle an einen Tisch holen.

Der Input für die Erstellung der Unterlagen ist selbstverständlich das, was in Phase 1 und teils in Phase 2 zuvor erarbeitet wurde: Vorläufige Bauteillisten (BOM – Bill of Material) aus Phase 1, die vorläufige *Product Breakdown Structure*, auch aus Phase 1, *Design for Manufacturing and Assembly* aus Phase 2 sowie DFMRO und ihr Lastenheft (*Statement of work*). Auch hier sollten die in Phase 1 identifizierten *Lessons Learned* immer griffbereit sein. Welche Fehler hatten ähnliche Bauteile? Gab es Kundenbeanstandungen vergleichbarer Bauteile?

Ganz wichtig sind auch die Schlüsselmerkmale, die im nächsten Unterkapitel erklärt werden. Entwicklungsunterlagen werden wie gehabt und unter Berücksichtigung all dieser von APQP vorgegebenen Inputs und Risikobetrachtungen und anderer Kundenvorgaben erstellt. Sollte dies unter einer eigenen Entwicklungszulassung passieren (DOA – *Design Organisation Approval*), so gelten natürlich weiterhin auch diese Forderungen. Sollte die Entwicklung unter einer sogenannten *signatory delegation* arbeiten, so müssen auch diese Forderungen volle Berücksichtigung finden. Normalerweise laufen all diese Forderungen aber Hand in Hand, mit verschiedenen Schwerpunkten. Es funktioniert, ohne hier noch einen zusätzlichen APQP-Hut aufsetzen zu müssen beziehungsweise eine entsprechende Person mit diesen APQP-Kenntnissen hinzuzufügen. Die Entwicklungsunterlagen werden dann in das Gremium für die Bewertung der Durchführbarkeit gegeben. Hierzu mehr im entsprechenden Kapitel am Ende dieser Phase 2.

7.3.5 Schlüsselmerkmale und kritische Einheit des Produktes *(Key Characteristics (KC) and Critical Items (CI))*

Eine der hervorstechenden Forderungen von APQP: Die Definition der Schlüsselmerkmale. Was ist wichtig für die Funktion des Bauteils? Was ist wichtig, damit der Kunde zufrieden ist?

Ein Beispiel außerhalb der Luftfahrt, um dieses zu veranschaulichen:

Beispiel:

Ein Kunde möchten sich ein neues Smartphone kaufen. Was ist für **diesen** Kunden wichtig?

- Eine hohe Auflösung der Kamera?
- Eine lange Akkulaufzeit?
- Soll es preisgünstig sein?

All dieses können Schlüsselmerkmale sein, die den Kunden entscheiden lassen, ob er das Smartphone kaufen wird oder nicht. Und alle Merkmale sind relativ wichtig. Der Kunde wägt ab: Bei dem günstigeren Smartphone ist die Akkulaufzeit etwas geringer, aber immer noch (für **diesen** einen Kunden) akzeptabel, also in der Toleranz (in der Luftfahrt kann es auch die Einhaltung einer exakten Farbvorgabe sein, wenn das Bauteil in der Kabine und sichtbar für den Passagier ist).

Auf keinen Fall würde der Kunde akzeptieren, dass das Smartphone in seiner Hosentasche anfängt zu brennen, oder dass es gar nicht auf dem Markt verfügbar ist und somit nicht verwendet werden kann. Dieses wäre eine kritische Einheit *(Critical Items)* und sollte gesondert betrachtet werden, da hier höhere Anforderungen gelten. Auf diesen Aspekt wird im Kapitel über die statistische Prozesskontrolle noch genauer eingegangen. Der Kunde würde sich also ohne nähere Abwägungen bezüglich Akkulaufzeit zu treffen *gegen* den Kauf und die Nutzung entscheiden, sobald ein Kritisches Merkmal nicht erfüllt ist.

APQP fordert diese beiden Informationen (Schlüsselmerkmale und Kritische Einheit) zu identifizieren und in den Entwicklungsunterlagen kenntlich zu machen. Diese beiden Merkmale sind wichtig für die spätere Produktion, da hierfür eine bestimmte Prozessstabilität gefordert ist, auf die ich im Kapitel über Variationsmanagement noch näher eingehe.

Der Vollständigkeit halber ist erwähnenswert, dass die IAQG schon in Phase 1 eine Auflistung der vorläufigen KCs und CIs fordert. Dieses ist meiner Erfahrung nach jedoch nur bedingt möglich, da es noch zu sehr vielen und einflussreichen Änderungen während Phase 1 und Phase 2 kommt.

Empfehlung:

Falls eindeutige KCs oder CIs schon in Phase 1 bekannt sind, sollten diese aufgeschrieben und in Phase 2 verwertet werden. Dieses ist, wie sollte es anders sein, zu dokumentieren.

Empfehlung:

Da die Abkürzung CI, meist schon belegt ist mit *Continual/Continuous Improvement* und die Themen doch teils recht eng beieinander liegen, sollte intern für Critical Items eine andere Abkürzung als CI gefunden werden.

7.3.6 Vorläufige Risikoanalyse der Beschaffung

Es ist sehr wichtig, so früh wie möglich potenzielle Risiken in der Lieferkette zu identifizieren. In dieser Phase können die Kapazitäten beim Lieferanten angefragt werden, die Logistik wird Sinnhaftigkeiten beurteilen und eventuell werden neue Prozesse beim Lieferanten freigegeben und deren Qualität beurteilt. Für dieses Element ist es ausschlaggebend, wie viel Sichtbarkeit wir bereits in der Lieferkette haben, bezüglich potenzieller Risiken und wie viele Daten wir haben, die wir für Beurteilungen verwenden können. Manchmal reicht ein Blick in die monatlich vom Lieferanten bereitgestellten Daten, sowie in die derzeitigen Zahlen der Lieferperformance. Da APQP aber vom Informationsaustausch lebt, sollte der Lieferant auf jeden Fall in das Projekt miteinbezogen werden.

Hinweis:

Es ist nicht gefordert die einzelne Lieferantenbewertung oder die Risiken jedes einzelnen Lieferanten im Detail zu beurteilen, sondern eine Risikobetrachtung der Lieferkette insgesamt. Das beinhaltet eventuell die derzeitige Situation von Unterlieferanten von Rohmaterial (tier 2), nicht aber im Detail die spezifischen Risiken einzelner Lieferanten.

Beispiel:

Ein Unternehmen entscheidet ein Schiff zu bauen, dessen Rumpf zu 80 % aus Titan bestehen soll. Hier soll also nicht nur bewertet werden, ob der Lieferant Titanplatten liefern kann, sondern auch, ob es eventuell zu Lieferengpässen auf dem Weltmarkt von Titan als solchem kommen kann. In Phase 2 können immer noch Änderungen vorgenommen werden und das Schiff aus Stahl gebaut werden.

Kurzer Exkurs ins Risikomanagement:

Bei Risiken ist es ein bisschen wie bei Fehlern. Je früher erkannt, umso einfacher behoben oder gemindert. Je früher ein Risiko erkannt wird, umso mehr (zeitlichen) Spielraum gibt es, um Risiken abzuwenden. Sobald ein Risiko eintritt, wird das Risiko zu einem Ereignis (*event*). Damit ist zwar dann das Risiko weg, wir haben aber einen kostenverursachenden Fehler (siehe Bild 9).

Daher möchten wir Risiken, auch in der Lieferkette, so früh wie möglich (und daher bereits hier in der Entwicklungsphase) identifizieren.

Hinweis:

Da oftmals die Entwicklung nicht im selben Unternehmen ansässig ist, wie die Produktion, sind Risiken hier nur generell zu bewerten, wie schon Beschrieben (z. B. Verfügbarkeit eines Rohstoffes oder insgesamt Verfügbarkeit von Lieferanten für ein Produkt). Die Auswahl der Lieferanten und eine weitere Risikobetrachtung erfolgt dann später im Prozess.

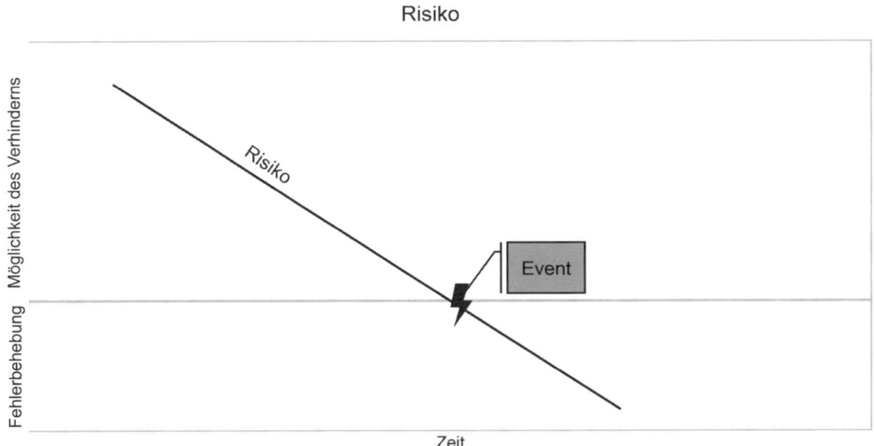

Bild 9: Wir sehen, dass ein Risiko, je eher erkannt, uns genug Spielraum gibt um kostengünstig zu handeln, ohne eine Abweichung zu produzieren. Ein Risiko ist somit immer auch eine gute Gelegenheit.

7.3.7 Verpackungsspezifikationen

Man stelle sich vor, eine Firma entwickelt und produziert ein großartiges Produkt. Am Tage der Lieferung steht dieses nun fertig zum Transport im Warenausgang und der Logistiker liest in der Spezifikation, die er nur schwer versteht, dass das Bauteil in einer angepassten Holzkiste ausgeliefert werden soll, korrosionsgeschützt und in Folie verpackt. Er schmeißt den Pappkarton, den er herausgesucht hatte, erst einmal zur Seite und ruft seinen Chef an. Das passiert täglich im wirklichen Leben! Ergo: Frühes Bewerten der Dinge, die später gebraucht werden, kann uns viel Ärger ersparen, selbst wenn es nur um die Verpackung geht.

In dieser Forderung der Verpackungsspezifikation ist auch das Bewerten von FOD (*Foreign Object Debris*) und gefährlicher Materialien enthalten. Diese sind nach APQP nicht anders als es schon aus Behörden- und Kundenanforderungen bekannt ist, zum Beispiel von REACH – Verordnung zur Registrierung, Bewertung, Zulassung und Beschränkung chemischer Stoffe (*Registration, Evaluation, Authorisation and Restriction of Chemicals*).

Empfehlung:

Beachtet werden sollte, und das ist keine APQP-Anforderung, wohlgleich aber sinnvoll, dass die Verpackungskosten miteingepreist werden und, wenn der Kunde eine Verpackung vorgibt, wer für Schäden am Bauteil aufkommt, falls es zu einer Beschädigung kommt. Sollte der Kunde eine nicht nachvollziehbar risikoreiche Verpackung wünschen, kann das bereits jetzt in dieser Phase 2 besprochen werden.

7.3.8 Bewertung der Durchführbarkeit

Es ist bekannt, dass Behörden und Kunden die Erreichung eines gewissen Meilensteins vorgeben, bevor die Entwicklungsunterlagen freigegeben werden. Es wird also eine gewollte Abgrenzung zwischen Entwicklung und Produktion gezogen, um ein „Ausprobieren“ und ein unüberschaubares Konfigurationsmanagement zu vermeiden. Andererseits möchte APQP eine stärkere Kommunikation zwischen den beiden Organisationen (Stichwort DFMA). Das eine schließt das andere nicht aus. Sicher ist aber, dass APQP auch eine unabhängige Freigabe fordert. Meist gibt es bereits Vorgaben hierfür, zum Beispiel bezüglich der Qualifikation der unterschriftsberechtigten Mitarbeiter. APQP weicht hiervon nicht ab. Vielmehr möchte APQP, dass es eine Freigabe auch im und vom MFT gibt. Das heißt, dass die bekannten Parteien, mindesten Produktion und Qualitätssicherung, zusammen mit der Entwicklung, über den *Output* der Phase 2 schauen und diesen bewerten. Meist fallen hier bereits einfache Dinge auf, die vorher nicht zur Kenntnis genommen wurden. Manchmal steckt der Teufel halt auch nicht im Detail. So kann es passieren, dass die Qualitätssicherung den Einwand hat, das Bauteil nicht mit einer Freigabeformular (FORM1) liefern zu können, sondern nur mit einer Konformitätsbescheinigung (*statement of conformity*), da das Unternehmen keine Berechtigung für die Methode der Rissprüfung an dem verwendeten Material hat. Das war eventuell in Phase 1 noch nicht ersichtlich, da man dort noch mit einem anderen Material geplant hatte. Dokumentiert wird also die Zustimmung des MFTs. Wie schon beschrieben, eine Unterschrift vermittelt Verantwortungsgefühl. So auch hier. Ansonsten wird den Forderungen der Freigabe der Entwicklungsunterlagen wie gehabt gefolgt. Diese dürfen und sollten nicht durch APQP-Forderungen gefährdet werden.

Empfehlung:

Je besser in Phase 1 und Phase 2 gearbeitet wurde und, vor allem, je besser kommuniziert wurde, umso einfacher werden die Entwicklungsunterlagen von der Produktion und der Qualitätssicherung akzeptiert. Es gilt also auch hier: Eine gute Vorbereitung erspart böse Erkenntnisse und späteren Mehraufwand.

Sag's noch einmal, Dirk:

Die Phase 2 lebt von Erfahrungen des eigenen Unternehmens sowie von Erkenntnissen, die andere mit dem Produkt haben. Der Austausch von Daten zwischen den Organisationen Entwicklung, Produktion und Instandhaltung ist Pflicht. Der Zeitpunkt zwischen Phase 2 und 3 ist einer derjenigen, an dem deutlich weniger Fehler generiert werden als ohne APQP.

8 Phase 3: Prozessdesign und Entwicklung

8.1 Einleitung

Die Phase 3 beschäftigt sich mit der Auswahl der Produktionsprozesse. Auch in dieser Phase wird noch kein Bauteil produziert. Bis hier wurde das Ziel definiert und alle wissen, was erreicht werden soll. Zum Beispiel die Produktion einer Hydraulikpumpe mit diversen Merkmalen, wie Leistung und Gewicht. Jetzt geht es darum, wie diese Ziele erreicht werden. Im Beispiel werden Fertigungsprozesse benötigt. Welche diese sind und in welcher Reihenfolge sie abzuarbeiten sind, darum geht es in Phase 3.

8.2 Fallbeispiel

Ein Kunde, der auch die Entwicklungsdaten (er hat Phase 1 und Phase 2 als *Design Organisation* hauptsächlich übernommen) zur Verfügung stellt, möchte vom Unternehmen eine Halterung für eine Hydraulikpumpe. Das Bauteil besteht, gemäß Zeichnung, aus einer Aluminiumlegierung, die anodisiert sein soll. Des Weiteren wünscht der Kunde eine Rissprüfung vor Auslieferung. Wir wissen, dass Hauptprozesse wie Gießen, Zerspanen, Anodisieren, Bohren und eine nichtzerstörende Prüfung (NDT) mit entsprechenden Fachkenntnissen und Zertifizierungen benötigt werden. Da das Unternehmen nicht erst seit heute Bauteile produziert, aber erst seit heute APQP macht, kennen die Kollegen sich mit der Industrialisierung gut aus. Das Wissen darüber, dass Rohmaterial gebraucht wird und dass davon eine Materialprüfung (*sample*) genommen werden muss ist vorhanden. Temperaturen, Bohrmaschinendrehzahlen und so weiter sind bekannt. APQP gibt nun vor, um welche Elemente sich wann gekümmert werden muss und welche Dokumente und Nachweise es braucht. Ziel ist es, so effizient wie möglich zu arbeiten. Dafür benötigen wir eine gewisse Sequenz der Tätigkeiten dieser Phase 3. Soll eine Risikoanalyse durchgeführt werden, bevor wir die Prozesse auswählen? Soll ein Kontrollplan erstellt werden, bevor die eigenen Prozess-KPIs bekannt sind, oder danach? All das gibt APQP vor, immer mit einer gebotenen Flexibilität, sodass es sinnvoll bleibt. Gesteuert wird die Sequenzierung durch die Benennung von vorangehenden bzw. Folgeprozessen. Erst wenn alle definierten Inputs bereit sind, wird mit dem Element gestartet. In der Norm ist dieses nicht vorgegeben. Diese Festlegung sollte intern getroffen werden und sich in den Prozessen wiederfinden.

Hinweis:

In diesem Fallbeispiel kommen die Entwicklungsdaten vom Kunden. Trotzdem müssen einige Dinge aus Phase 1 und Phase 2 vom Produktionsunternehmen berücksichtigt werden. Zum Beispiel setzt dieses seine eigenen Projektziele in einer eigenen unabhängigen Phase 1 des eigenen APQP-Projekts. Die Lebensdauer des Produktes kann das Produktionsunternehmen nicht bestimmen, da das Bauteil bereits definiert ist. Es kann aber vieles innerhalb des Fertigungsprozesses definieren. Zum Beispiel maximale Ausschussraten, OEE (*Overall Equipment Efficiency*) und anderes.

Auch hat das Unternehmen bereits aus der Phase 2 die Produkt-KPIs bekommen, die sich in der Zeichnung wiederfinden. APQP erlaubt zusätzlich die Definition von eigenen Produkt-KPIs, falls erforderlich. Zum Beispiel kann es sein, dass für einen bestimmten Prozess eine gewisse Oberflächenqualität benötigt wird, da sonst die Farbe nicht haftet. Dem Kunden und der Entwicklungsorganisation ist die Oberflächenqualität in diesem Falle egal, beide möchten die Farbe auf dem Bauteil und kennen die einzelnen Prozessvoraussetzungen nicht im Detail. In diesem Falle ist das selbst definierte Produkt-KC die Oberflächenrauigkeit. Diese sind nicht in der Zeichnung enthalten, werden aber Teil des Kontrollplans, getrennt benannt von denen aus Phase 2, die aus der Entwicklung stammen. Die Definition der Prozess-KPIs ist sowieso Aufgabe des Produktionsunternehmens in Phase 3. Das sogenannte *Manufacturing Engineering* ist in dieser Phase in leitender Position, wie immer geführt und unterstützt durch den Programmmanager und den APQP-Leiter.

8.3 Übersicht der Themen in Phase 3

Die Elemente der Phase 3 dienen

- einer möglichst fehlerfreie Produktion,
- einem Bauteil, welches den Produktanforderungen aus Phase 1 und 2 entspricht,
- einee effiziente Produktion und
- der Erfüllung der selbst gesteckten Ziele aus Phase 1.

8.3.1 Prozessablauf Diagramm

Gleich am Anfang etwas Neues. Ein Prozess-Fluss-Diagramm als *Process Flow Chart* (PFC) ist den meisten bekannt. APQP fordert ein *Process Flow Diagram* (PFD), nicht Chart! Auf Deutsch heißt *Chart* wiederum Diagramm. Was ist der Unterschied? Das neue PFD zeigt stärker die Bewegung des Bauteils durch die Produktion und operationale Tätigkeiten werden mit Symbolen gekennzeichnet. Die IAQG hat auf ihren Seiten auch ein Beispiel für ein PFD zur Verfügung gestellt. Hier ein einfaches Beispiel, als erste Impression:

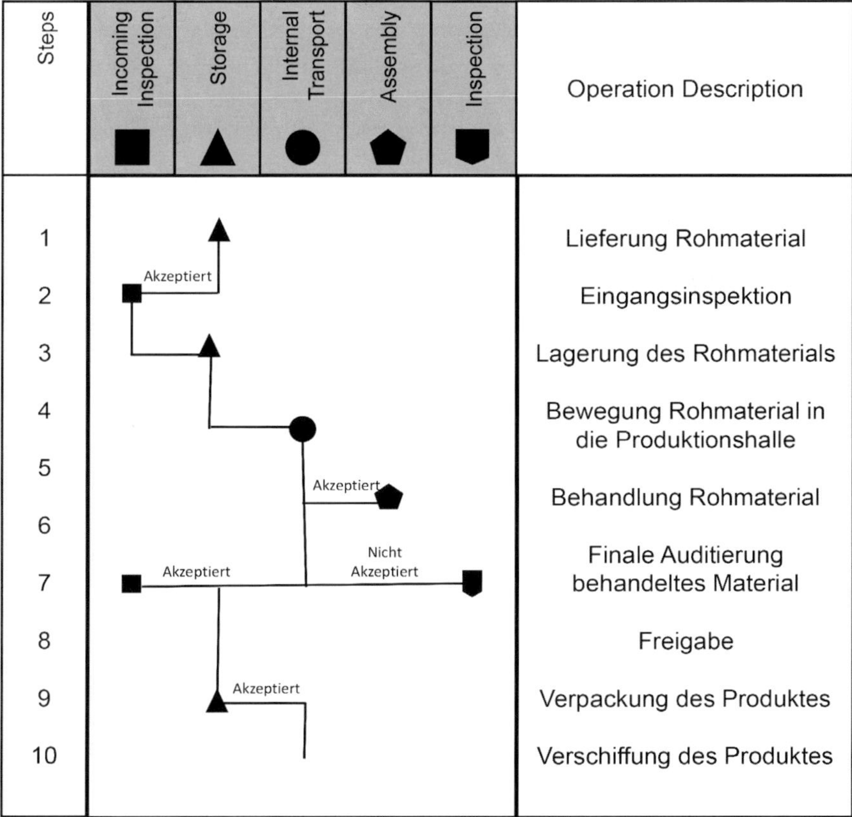

Bild 10: Veranschaulichung anhand eines Beispiels die Sichtbarmachung der physischen Bewegung des Bauteils.

Hinweis:

Auch die Vorteile eines PFC bleiben (aus meiner Erfahrung) interessant, die im PFD nicht mehr so gut erkenntlich sind. Eine gute Vorgehensweise bei Einführung von APQP ist, die Umstellung nur vorzunehmen, wenn es der Kunde wünscht und sobald er auch bereit ist, dieses anzuerkennen.

Sollte ein Zertifizierungsaudit nach DIN EN 9145 anstehen, so muss auf jeden Fall die derzeitig gültige Norm erfüllt werden. Bis dahin sollte erst einmal intern geklärt werden, wie so ein neues PFD aussehen kann, ob es Vorteile hat und wie es umgesetzt wird, um auch alle anderen Anforderungen zu erfüllen.

Hinweis:

Achtung, die Phase 1 forderte bereits ein vorläufiges PFD. (Um eine Verwirrung des Lesenden in Phase 1 zu umgehen, beschreibe ich dieses erst jetzt, da hier in Phase 3 der Platz ist, PFD insgesamt zu erläutern). Dieses sehr einfach gehaltenes PFD dient nun als Input. Achtung: Es mögen sich in Phase 2 Dinge geändert haben, zum Beispiel das Material. Deshalb ist es wichtig, dass das vorläufige PFD aus Phase 1 entsprechend beurteilt wird, bevor es in das reale detailliertere PFD der Phase 3 miteinbezogen wird.

Wichtig für die Einführung von APQP, um die es hier geht, ist jedoch, dass das PFC/D eines der Erzeugnisse (Elemente und Nachweis) ist, welches sehr viel Input in nachfolgende Elemente liefert. Beide geben die Reihenfolge der Produktionsprozesse vor. Hieran orientieren sich später viele andere Elemente und Bewertungen. Wichtig ist, dass auch ausgelagerte Prozesse hier enthalten sind beziehungsweise auf diese verwiesen wird, falls dies der Fall ist.

Die Tiefe des PFD/PFC wird von APQP nicht vorgegeben, lediglich gibt es den Hinweis, dass es **ausreichend** Einzelheiten für jeden Prozessschritt enthalten muss. Hier wird es also bezüglich des Aufwands kaum Änderungen geben. Die Prozesse/Teilprozesse werden untereinander aufgelistet und es wird kenntlich gemacht, falls es KCs gibt, wo Risiken sind, zum Beispiel durch eine Maschine, die bei Ausfall nicht ersetzbar ist. Spezielle Prozesse (*Special Processes*) werden kenntlich gemacht, genauso wie Ressourcen, die selten sind (zum Beispiel NDT-Level-3-Prüfer).

8.3.2 Produktionshallen Layout *(Floor Plan Layout)*

Die Norm DIN EN 9145 fordert diesen Nachweis und dieses Element nicht direkt ein. Es ist jedoch sinnvoll, eine Hallenübersicht einmal zu diesem Zeitpunkt auszuarbeiten. Viele Kunden verlangen diese auch ohne APQP. Eine Übersicht der Produktionsstätten in Draufsicht mit kurzem Durchlauf des Produktes oder der Produktfamilie, genannt „Spaghetti-Diagramm“, zeigt dem Kunden sehr schön, wie sein Bauteil gefertigt wird. Außerdem kann es potenzielle Risiken veranschaulichen. Ein Beispiel: Viele haben schon einmal versucht, ein neues Schlafsofa durch das Treppenhaus in den vierten Stock zu bekommen und sind bei den Kurven und Kanten im Treppenhaus an ihre Grenzen gestoßen. Meist merkt man so etwas erst nach dem Kauf. Dass es ins Wohnzimmer passt, hat man natürlich vorher ausgemessen! Das Spaghetti-Diagramm zeigt hauptsächlich drei Dinge:

- Vermeide ich unnötige Wege?
- Kann ich die Bauteile ohne Gefahr bewegen?
- Sind die Maschinen, Werkbänke, Stationen dort, wo es Sinn macht (Abfolge)?

> **Empfehlung:**
>
> Sollten *Lean*-Experten im Unternehmen tätig sein, können diese an dieser Stelle unterstützen und den Plan (stetig) verbessern. Sollte der Kunde eine Wertstromanalyse verlangen, ist dieses der richtige Zeitpunkt. *Floor Plan Layout* und Wertstromanalyse (VSM-*Value Stream Mapping*) gehen Hand in Hand.

8.3.3 Produktionsvorbereitungsplan *(PPP-Production Preparation Planning)*

Hier werden die benötigten Mittel (Werkzeuge, Maschinen, Halterungen usw.) identifiziert, die benötigt werden, um das Produkt zu produzieren. Einmal identifiziert, wird geprüft, ob diese benötigten Mittel für die anstehende Produktion zur Verfügung stehen. Sowohl für die Erstmusterproduktion als auch für die Serienfertigung später. Wichtig ist auch, dass analysiert wird, ob genügend Mitarbeiter mit den richtigen Fähigkeiten und Befugnissen verfügbar sind. Ein gutes Beispiel ist: Wenn das Unternehmen das erste Mal ein Bauteil produziert, welches relativ schwer ist und nach internen Sicherheitsbestimmungen nicht mehr von Hand gehoben werden darf, so sollte analysiert werden, ob genügend Mitarbeiter eine Berechtigung haben, einen Deckenkran zu bedienen. Oftmals sind es solche Details, die später zu Verzögerungen auch in der Serienproduktion führen. Deshalb auch hier: MFT. Zum Beispiel kann die Instandhaltung als Teil des MFTs sicherstellen, dass auch alle Mittel zur Verfügung stehen, und nicht zum Beispiel der Messtisch zu dieser Zeit wegen Kalibrierung gesperrt ist.

Empfehlung:

Auch hier sind Nachweise erforderlich. Spätestens dann, wenn gefragt wird, wie APQP umgesetzt wurde. Je nach Unternehmens- und Projektgröße macht es Sinn diese Aufgabe in die Gesamtkapazitätsplanung zu integrieren und auf Abruf die Daten verfügbar zu machen. Als Leitfaden gilt immer: Was wird benötigt? Ist es dann vorhanden, wenn ich es brauche? Dieses kann in einfachen Projekten auch in Tabellenform händisch dargestellt werden. In komplexeren und größeren Projekten sollten hier Maschinenausfallzeiten, Krankheitstage von Mitarbeitern, Anlernphasen usw. berücksichtigt werden.

Wichtig ist es, zu verstehen, dass die Produktion, einmal gestartet, viel Kapital bindet. Jegliche Wartezeiten und Verzögerungen oder spätere Verschrottung von Teilen kosten unnütze Maschinenlaufzeiten, Mitarbeiterzeiten usw. Der Nachweis sollte auf jeden Fall eine Freigabe des Produktionsstarts durch das MFT beinhalten. Eine Personalabteilung bestätigt hier zum Beispiel die durchgeführte Schulung der Mitarbeiter zum Bedienen des Deckenkrans, falls nötig.

8.3.4 Prozessfehlermodus und Effektanalyse

Hier ist tatsächlich, nicht wie in der Phase 2, die Verwendung einer bestimmten Vorgehensweise zur Risikofindung und Risikobewertung vorgeschrieben, die PFMEA. Eine Schulung der Mitarbeiter bezüglich dieser Vorgehensweise ist unumgänglich. Zumindest sollte hier eine Handvoll von Kollegen das Thema in aller Tiefe verstehen. Die Norm verweist hier auf die empfohlene Vorgehensweise nach SAE J1739, die in vielen Industrien seit Jahren verwendet wird. Auch dieses Element beruht wieder auf dem Gedanken, proaktiv und präventiv zu sein und Wissen zu bündeln. Auch hier wird in einem MFT der vorgesehene Prozess auf mögliche negative Ereignisse untersucht. Einmal ein Risiko identifiziert, wird dieses bewertet, nach Schweregrad der Auswirkung, Auftretenswahrscheinlichkeit und Identifizierbarkeit, falls eingetreten. Die PFMEA ist ein schönes Tool, nicht nur um Risiken zu entdecken, sondern auch, um einmal in der Produktion und den umgebenden Prozessen die geplante Vorgehensweise zu durchleuchten.

Empfehlung:

Eine PFMEA sollte immer professionell durchgeführt werden. Ein erfahrener FMEA-Profi (Moderator) ist dabei unumgänglich, da die Vorgehensweise auch schnell außer Kontrolle gerät, wenn man nicht den Vorgaben folgt und zu ängstlich bewertet. Das kann dann schnell teuer werden, wenn kostspielige und aufwendige Maßnahmen aus Angst vor eigentlich unwahrscheinlichen Ereignissen beschlossen werden.

Hinweis:

Je nachdem, wo man nachliest, betrachtet Risikomanagement auch positive *Events*. Dort soll identifiziert werden, wo eventuell etwas abweichend ein besseres Resultat bringen kann. Ob APQP diesen Ansatz unterstützt, ist nicht klar. Es ist ratsam, erst einmal traditionell vorzugehen und Risiken zu identifizieren, die eine negative Einflussnahme in sich bergen. Es gibt hier auch die Vorgehensweise, die Abarbeitung der „positiven Risiken“ mit in den Prozess der stetigen Verbesserung einfließen zu lassen. Dieses sollte aber bereits im Qualitätsmanagementhandbuch beschrieben worden sein.

Wichtig zu verstehen ist, dass ein Risiko erst einmal nicht zwingend negativ ist, sondern lediglich eine Information, dass ein *Event* eintreten kann, welches uns daran hindert, ein gewisses Ziel zu erreichen. Ein Risiko so früh zu identifizieren, dass wir mit „normalen Maßnahmen“ ein Event, also das Eintreten, verhindern können, ist das Tagesgeschäft aller Beteiligter. In diesem Element geht es darum, geplant, gemeinsam und strukturiert dem PFC/D durch die Prozesse zu folgen und auszuschließen, dass etwas nicht betrachtet und bewertet wurde. Der Kunde kann sehr schnell anhand der Qualität der durchgeführten PFMEAs erkennen, wie tief das Verständnis bezüglich präventiver und proaktiver Maßnahmen und somit auch bezüglich APQP ist.

Oft ist es nicht leicht, die richtigen Kollegen und genügend Räume in dieser Zeit zu bekommen. Doch hier ist ein hoher Einsatz sinnvoll. Selbst wenn zwei Galvaniseure für einen vollen Tag in der Produktion ausfallen, um die PFMEA im Prozess der Oberflächenbeschichtung und dessen Risiken zu unterstützen, lohnt es sich!

8.3.5 Schlüsselmerkmale der Prozesse

In der Phase 2 wurden bereits die Schlüsselmerkmale des Produkts festgeschrieben. Da Phase 3 sich mit den Prozessen befasst und die Prozesse direkten Einfluss auf das Produkt haben, ist es wichtig zu definieren, welche Parameter wichtig sind, um ein Risiko einer Produktabweichung zu umgehen.

Um es einmal klarzustellen: KCs und CIs sind nicht wichtiger als andere Parameter. Egal ob ein Durchmesser einer Bohrung als KC definiert wurde oder nicht, der Durchmesser muss innerhalb der Toleranz sein. Und das sowohl bei einem Erstmuster als auch bei einem Serienteil. Wenn dies nicht erfüllt wird, ist das Bauteil nicht konform und somit nicht lufttüchtig. Ebenso verhält es sich mit den Anforderungen an einen Prozess. Wenn festgeschrieben ist, dass die Einfärbung der gebildeten Eloxalschicht bei 48 bis 52 Grad Celsius passiert, dann haben wir eine Abweichung, wenn wir das bei 52,5 Grad Celsius getan haben und das Flugzeug, welches im nächsten Moment mit dem Bauteil über den Atlantik fliegt, ist somit luftuntüchtig. Keiner möchte das den Passagieren erklären müssen. Jedes Merkmal muss erfüllt werden. KCs und CIs werden während des Entstehungsprozesses gesondert behandelt. Diese Forderung stammt nicht nur von APQP.

Kurzer Exkurs ins Luftrecht:

Sollte ein Bauteil trotz eines nicht konformen Prozesses freigegeben werden, weil es nicht als KC definiert war, kann dies im Falle eines Unfalles zu harten Strafen, inklusive Gefängnisstrafen, führen und das Unternehmen insolvent gehen lassen.

Die Prozesse und deren Parameter sind festgeschrieben. Bei Abweichungen sind gesonderte Maßnahmen (eventuell eine neue Erstmusterprüfung) in Betracht zu ziehen.

Hier einmal ein paar Beispiele von typischen Prozess-KCs:

- Die Temperatur in der Lackierhalle darf 32 Grad Celsius nicht überschreiten
- Die Trocknungszeit der lackierten Teile ist bei einer Luftfeuchtigkeit von 75 % – 85 % mindesten 60 Minuten zu gewährleisten.

Es wird also im MFT identifiziert, welche Parameter direkten Einfluss auf das Produkt nehmen. Außerdem wird bewertet, wann das Produkt bei Nichteinhaltung der Parameter nicht den speziellen Anforderungen des Kunden entspricht. Oftmals wird hier von *Fit*, *Form*, *Function* gesprochen. Das ist immer ein guter Anfang. Es kann durch die Einbeziehung von Kundenerwartungen (VOC – *Voice of Customer*) erweitert werden, auch wenn diese nicht direkt kommuniziert wurden, sondern von denen auszugehen ist. Zurück zum Beispiel des Kaufs eines Smartphones: In diesem Falle würde ein Smartphone hergestellt und ein Prozess definiert werden müssen, bei dem der Akku chemisch so behandelt wird, dass er 10 Stunden hält. Das ist das Verkaufs- und Werbeversprechen. Man würde entsprechend in diesem Prozess der chemischen Behandlung viele Parameter finden, die wichtig sind, eingehalten zu werden, wie zum Beispiel Temperaturen oder die Zusammensetzung der Beschichtung. Der Kunde würde 9 Stunden Laufzeit nicht akzeptieren, daher werden stetig die Parameter im chemischen Behandlungsprozess überprüft und dokumentiert. Eine Nichteinhaltung der Temperaturen würde zu einer Abweichung führen, in diesem Falle bezogen auf die Akkulaufzeit.

Am einfachsten ist es, das eigene Engineering mit einzubinden, die die Auswirkungen von Prozessabweichungen kennen sollten. Auch die Produktionsabteilung hat hier meist Erfahrungen aus der Vergangenheit.

Die Prozess-KCs unterliegen der statistischen Kontrolle. Das heißt, genau wie bei den Produkt-KCs muss der sogenannte Cpk (welcher die Zuverlässigkeit des Prozesses angibt je nach Prozessfähigkeit und Prozessstabilität) einen gewissen Wert erfüllen, der das Risiko einen Fehler zu bekommen gegen Null sinken lässt. Die Norm behandelt dieses im Kapitel 4.6.5. Ich rate dringend, dieses mit den Kundenerwartungen abzugleichen, denn es mag sein, dass der Kunde abweichende Erwartungen hat. Dieses hängt auch davon ab, ob eher automatisiert oder manuell gefertigt wird.

Sollte es an dieser Stelle noch keine unternehmensinternen Kenntnisse geben, müssen sich diese angeeignet werden. Die sogenannte SPC (*Statistical Process Control*) oder auch statistische Prozesslenkung (oder -kontrolle) ist jedoch ein Thema für sich, welche in einer geeigneten Schulung in etwa 2 bis 3 Tagen gelehrt werden kann. Auch hier können die unternehmensinternen *Lean*-Experten, soweit vorhanden, unterstützen.

Statistische Berechnungen machen erst Sinn, wenn etwa 30 oder mehr Vergleichsdaten zur Verfügung stehen. Dieses ist die Zahl, die von verschiedenen OEMs und großen Direktzulieferern empfohlen wird. Sind statistische Berechnungen nicht möglich, so ist die Einhaltung der Prozess-KCs manuell bei jedem Vorgang sicherzustellen und zu dokumentieren, zum Beispiel durch das Ausfüllen eines Formblatts oder Ist-Temperatureintrag in die Arbeitsdokumente mit Datum, Uhrzeit, Lot-Nummer etc.

8.3.6 Kontrollplan

Der Kontrollplan wird in der Norm außergewöhnlich stark betont und dessen Inhalt im Anhang der Norm im Detail sehr gut beschrieben. Das zeigt die Wichtigkeit der Herstellung des Kontrollplanes, welcher (sobald unterschrieben) auch als Nachweis dient. Die Norm hebt hervor, dass es sich beim Kontrollplan um ein lebendes Element und somit auch um ein sich immer wieder veränderndes Dokument handelt. Das hört sich erst einmal nach mehr Arbeit an, ist aber das Gegenteil. Zum Beispiel kann die Effizienz mit der stetigen Anpassung des Kontrollplans steigen. Daher sollte die Anzahl der Kontrollen hier festgeschrieben werden. Der Kontrollplan schreibt beispielsweise vor, dass 50 % eines gewissen Maßes geprüft werden müssen, zusätzlich aber immer das erste und das letzte Bauteil. Dieses kann in der ersten Version des Kontrollplans so sein und bedeutet relativ viel Aufwand für den Prüfer. Wurden nach einer gewissen Zeit oder nach einer gewissen Anzahl von Bauteilen keine Abweichungen gefunden, können die Prüfungen eventuell reduziert werden, auf beispielsweise 10 %. Das Ergebnis ist Zeitersparnis in der Produktion, dank eines lebenden Kontrollplans und dank APQP. Wieso kann es diese Reduzierung geben? Weil das Unternehmen nachweisen kann, dass der Herstellungsprozess stabiler geworden ist. Sollten es sich um ein KC oder CI handeln, bleibt die 100 %-Prüfung bestehen, am besten an derjenigen Stelle, an der die Forderung entsteht (direkt nach dem Bohren beziehungsweise direkt beim Anodisieren). Das resultiert auch aus den meisten Kundenforderungen und dient dem Schutz der so wichtigen Merkmale. Schon DIN EN 9100 fordert: Fehler dürfen nicht in den nächsten Produktionsschritt gesteuert werden.

In der Praxis nutzt man zur Erstellung des Kontrollplans ein Excelsheet oder eine Software mit den Forderungen aus der Norm. Im Kopf sollte man die Teilenummer(n), Datum, Verantwortliche, andere Daten und dann tabellarisch die Informationen wie:

- Welches Merkmal (und wo kommt es her? Zeichnung? KC?)
- Wann ist es zu prüfen?
- Mit welchem Messmittel ist es zu prüfen?
- Durch wen ist es zu prüfen (Qualifikation)?
- Was ist zu tun, falls es Abweichung gibt (Reaktionsplan)?

Hier werden also auch die schon bekannten KCs niedergeschrieben. Diese können aus der Zeichnung übernommen und referenziert werden, wenn es Produkt-KCs vom Engineering sind. Oder aber es handelt sich um Produkt-KCs aus der Produktion (siehe das Beispiel der Oberflächengüte), dann können diese KCs genau wie die Prozess-KCs direkt in den Kontrollplan übernommen werden.

Empfehlung:

Die Kenntlichmachung, um welche Art von KCs es sich jeweils handelt und aus welcher Quelle diese stammen, erleichtert das Entscheiden über potenzielle Änderungen und Zuständigkeiten in der Zukunft. Ist kenntlich gemacht, dass es sich um ein KC handelt, welches aus der Zeichnung übernommen wurde, so ist auf den ersten Blick sichtbar, dass der Produktionsverantwortliche dies nicht ändern darf. Ein Prozess-KC oder ein Produkt-KC, welches die Produktion benannt hat, darf vom Produktionsunternehmen geändert oder gelöscht werden.

Wozu dient der Kontrollplan? Es ist wichtig zu verstehen, dass der Kontrollplan auch eine Übersetzung ist und eine Zusammenführung relevanter Forderungen.

Ein Beispiel: Wie viele Anforderungen insgesamt hat eine Hydraulikpumpe? Abmessungen, Leistungen und Gewicht. Also vielleicht 50 Anforderungen, die zu erfüllen sind?

Nein, es sind weitaus mehr. So gibt es zum Beispiel Anforderungen die generelle Natur sind (zum Beispiel: Das Bauteil muss sauber sein), es gibt behördliche Anforderungen, die erfüllt sein müssen, wenn das Unternehmen ein *Production Organisation Approval* oder ein *Design Organisation Approval* hat. Es gibt Kundenanforderungen, die stetig erfüllt sein müssen, etwa, dass die Pumpe nach APQP-Vorgaben entwickelt und produziert wurde. Gibt es ein Umweltzertifikat nach ISO 14001? Gibt es interne und externe Arbeitsschutzbestimmungen?

Die Hydraulikpumpe beziehungsweise deren Produktion beruht auf tausenden von einzelnen Anforderungen, bis hin zu der vorgeschriebenen Beleuchtungsstärke (vorgegeben in Lux) am Arbeitsplatz während der Sichtkontrolle bei der Endprüfung. Nun stelle man sich einmal vor, der Arbeiter bekommt die Bauteilzeichnung auf die Werkbank und man sagt ihm, er möge bitte das Bauteil produzieren und alle Anforderungen beachten. Als Hilfe könnte er die Boeing-Anforderungen im Internet heraussuchen und die Standardtoleranzen kleben an der Wand. Ein Beleuchtungsstärkemessgerät befinde sich im Schrank. Das wird nicht funktionieren! Daher beschäftigen sich Ingenieure im Vorfeld damit, Informationen zu filtern und auszusortieren. Es bleibt das übrig, was wichtig ist für die eigene Organisation und für den jeweiligen Herstellungsprozess und Arbeitsschritt.

Es ist nicht die Aufgabe des Arbeiters darauf zu achten, dass der Kran, mit dem er das Hydraulikpumpengehäuse bewegt, auch freigegeben und getestet ist, damit die Pumpe keinen Schaden nimmt. Dafür gibt es einen gesonderten Prozess und dieser wird regelmäßig auditiert. Also gehört dies nicht in den Kontrollplan. Hat der Kunde eine Funktionsprüfung gefordert? Dann muss dies im

Kontrollplan kommuniziert werden, und zwar an die Qualitätssicherung, welche die Funktionsprüfung durchführt. Macht es Sinn die Oberflächengüte mit einem Maßband zu prüfen? Nein, und daher muss vorgegeben werden, dass dieses mit einer Lasermesseinrichtung zu tun ist! Darf das der Lehrling freigeben? Nein, daher muss niedergeschrieben werden, welche Qualifikation dafür benötigt wird. All das im Kontrollplan. Es ist also eine Sammlung aus externen und internen Vorschriften und Erwartungen, die gefiltert und übersetzt wird in eine für den Anwender verständliche Sprache. Teile aus dem Kontrollplan finden dann den Weg in Arbeitsaufträge, andere Teile in Test-sheets und Testvorschriften, wieder andere in das Qualifizierungsprotokoll.

Zur Erstellung eines Kontrollplans ist es wichtig zu wissen, welche Daten und Anforderungen benötigt werden beziehungsweise welche für dieses Bauteil oder diese Produktfamilie anwendbar sind. Es ist teuer Daten zu pflegen, die überflüssig sind oder Auswertungen zu fahren, die keiner benötigt. Die in der Norm beschriebenen Beispiele sind sehr sinnvoll und sollten so übernommen werden. Ein Erweitern um Sinnvolles oder Spezifisches und um in der Produktion benötigte Informationen ist oft hilfreich. Was sinnvoll ist, hängt sehr von der Fertigungstiefe und vom Produkt beziehungsweise der Produktbreite ab. Es mag sinnvoll sein, einen Kontrollplan für die eigentliche Produktion der Teile zu entwickeln, einen anderen für die Montage und bei anspruchsvollen Bauteilen auch einen gesonderten Kontrollplan für die Qualitätssicherung. Dies muss intern im MFT entschieden werden. Verantwortlich hierfür ist das *Production-Engineering* zusammen mit der Qualitätsabteilung.

Empfehlung:

Die Erstellung sowie die wiederkehrende Pflege der Kontrollpläne sind anspruchsvolle Aufgaben, die jedoch nicht jeden technikbegeisterten Ingenieur im Arbeitsleben erfüllt. Es geht darum, Zahlen auszuwerten und diese immer und immer wieder zu hinterfragen und zu verbessern. Es braucht hierfür Personen mit einem gewissen Durchhaltevermögen für diese Arbeiten. Es ist zudem ratsam, diese Personen auch mehr in die technische Seite der Gesamtaufgabe zu involvieren und sie auch aktiv dazu zu bringen, in die Produktion zu gehen, Dinge zu hinterfragen und das Bauteil anzufassen. Macht die Messung so Sinn oder hat der Kollege, der sie durchführt, eine bessere Idee? Diese Personen sind Gold wert im kontinuierlichen Verbesserungsprozess, sofern sie das Bauteil und die Prozesse im Detail verstanden haben. Dank stetiger Überwachung und Anpassung gibt es hier viel Potenzial. Es gibt gewiss auch Kollegen, die sind froh am Laptop zu sitzen und Zahlen auszuwerten. Auch diese braucht es weiterhin und soll es auch zukünftig geben.

Empfehlung:

Bezüglich des Reaktionsplans sollte nicht zu sehr in die Tiefe gegangen werden. Vermieden werden sollten Reaktionen wie: „Informieren Sie Ihren Vorarbeiter“. Diese sind nicht nachvollziehbar, geschweige denn dokumentierbar. Standards wie: „Bei Abweichung folgen Sie dem Prozess Q12345 – Erstellen einer Beanstandung“ sind hingegen einfach zu verstehen und anzuwenden.

8.3.7 Vorläufige Kapazitätsanalyse *(Preliminary Capacity Assessment)*

Das Thema wurde bereits angeschnitten. Eigentlich ist es ganz einfach und sollte schon in Phase 1 bei *bid or no bid* Beachtung finden. *Bid or no bid* ist jedoch nicht Teil von APQP, denn dafür ist der Prozess nicht nah genug an APQP. Aber APQP hat die vorläufige Kapazitätsanalyse an diese Stelle in Phase 3 gesetzt. Es geht um die Frage, ob das, was hergestellt werden soll, in meine Produktion passt, wenn Ressourcen und die verfügbaren Zeiten angeschaut werden.

Erst einmal ist es wichtig zu verstehen, dass es jedem Unternehmen an Produktionsfaktoren (Boden, Kapital, Arbeit/Arbeitsmittel) bedarf. Ob das Unternehmen über genug Kapital verfügt, zum Beispiel für die Vorleistungen des Einkaufs, damit beschäftigt sich APQP nicht. Wohl aber in einer detaillierten Form mit dem Boden, beziehungsweise mit der Verfügbarkeit von Platz in der Produktionsstätte. Es gibt regelmäßige Assessments von Kunden, die dieser Frage nachgehen. Diese Assessments sind jedoch sehr allgemein gehalten und bewerten die Gesamtkapazität des Unternehmens. Innerhalb eines APQP-Projekts bezieht sich die Bewertung auf dieses eine Projekt. Das Werkzeug hierfür ist die Kapazitätsplanung bezüglich des verfügbaren Platzes. Weitaus mehr Elemente sind in APQP den Arbeitsmitteln sowie der Arbeit gewidmet. So sollte ein Unternehmen, welches durch viele manuelle Arbeiten sehr stark vom Personal abhängt, den Fokus auf die Verfügbarkeit der Arbeitskräfte legen. Eine sehr automatisierte Fertigungsstätte sollte sich hingegen an der Effizienz und Leistungsfähigkeit der Maschinen ausrichten. Je mehr Produktionsfläche und Arbeitsmittel ein Betrieb hat, umso höher ist üblicherweise die Kapazität. Je mehr Kapital vorhanden ist, umso mehr Möglichkeiten gibt es, die benötigte Kapazität zu generieren, durch Zukauf von Boden, durch die Einstellung von Mitarbeitern etc.

APQP fordert an dieser Stelle ein vorläufiges *Assessment*. Das bedeutet, dass die zur Verfügung stehenden Kapazitäten bewertet werden sollen. Mit dieser Bewertung und den Annahmen bezüglich des Aufwands des Projekts kann die Aussage getroffen werden, ob ein Risiko besteht, nicht genug Produktionsstätte oder Arbeitskräfte zu haben, oder aber keine Aktionen notwendig sind, um die benötigte Kapazität zur Verfügung zu stellen.

In der Phase 1, in der auch üblicherweise außerhalb APQPs die Entscheidung getroffen wird auf ein Projekt zu bieten, sollten die freien Kapazitäten abgeschätzt werden. Diese Annahmen beruhen meist auf Erfahrungen und der derzeitigen, sowie der absehbaren Auftragslage. Normalerweise beinhaltet die *bid-or-no-bid*-Vorgehensweise eine solche Risikobetrachtung. Die Kapazität sollte also ein Teil dieser Risikobetrachtung sein. In der Phase 3 sind Verträge bereits unterschrieben, und es geht nicht mehr um die Frage ob, sondern *wie* ich die Anforderungen bezüglich der Kapazitäten erfülle. Es geht in diesem Element um ein *Assessment,* also eine Bewertung.

In der Praxis wird berechnet, wie viele Arbeitsstunden in der Produktion insgesamt zur Verfügung stehen: pro Tag, pro Woche, pro Monat. Immer für den Zeitraum und für den Bereich, in dem das APQP-Projekt stattfinden soll. Dann werden die Zeiten abgezogen, die schon durch andere Projekte belegt sind, um zu sehen, ob das Projekt „reinpasst“, oder ob Maßnahmen durch den Einsatz von Kapital generiert werden müssen. Es kann sein, dass eine neue Maschine gekauft werden muss, Mitarbeiter eingestellt werden müssen oder dass Überstunden angeordnet werden sollen.

Empfehlung:

Oftmals gibt es auch die Möglichkeit, auf der Zeitachse ein wenig nach rechts zu rutschen, sollte die Kapazitätslinie leicht unter der *Load-Linie* liegen. Hierbei ist es wichtig, mit dem Kunden das Vorhaben zu diskutieren. Vom Kunden vorgegebene Liefertermine können gerade bei neuen Projekten risikobedingte, kundeninterne Puffer beinhalten. Mit einer ehrlichen und nachvollziehbaren Kapazitätsplanung und anderen APQP-Bausteinen wird das Risiko gesenkt und es kann eventuell Zeit aus dem Puffer in die reguläre Planung übernommen werden. Von *just in time* sind wir bei anlaufenden Projekten in der Luftfahrt noch weit entfernt.

Sollte das Unternehmen sowieso schon mit Wertstromanalysen arbeiten, liefert diese guten Zahlen als Input. Die *Lean*-Experten können bei der Erstellung einer Kapazitätsplanung mit ihren Zahlen unterstützen. Auch hier gilt wieder, dass die Informationen an der Basis einzusammeln sind. Ein Gruppenleiter, zuständig für die Montage, wird nach kurzer Betrachtung der Berechnungen aus dem Ärmel schütteln, ob die Aussagen der Kapazitätsplanung für das Projekt passen oder völlig daneben liegen.

Ein Geschäftsführer erzählte einmal, er könne jederzeit erkennen, wie hoch die Auslastung seiner Produktion sei. Er müsse nur abends schauen, wie voll der Container mit den Spänen sei. Das mag sein. Der Kunde und APQP möchten aber gerne Zahlen, und diese auch noch für die Zukunft.

Empfehlung:

Aus meiner Erfahrung gibt es keine sichere Kapazitätsplanung. Das ist aber nicht schlimm. Eine Planung beinhaltet immer eine Unsicherheit, die Zukunft ist noch nicht geschrieben. Selbst die Bundesregierung der Bundesrepublik Deutschland und die Wirtschaftsweisen korrigieren ihre Aussagen stetig, sobald es neue Informationen gibt und viele Unternehmen daher auch ihre Kapazitätsplanung. Auch bei der Kapazitätsplanung für APQP geht es darum, so dicht wie möglich an der Wahrheit zu sein und die Informationen zu bewerten, die aus der Erfahrung heraus glaubhaft sind. Daher ist es so wichtig, und auch das fordert APQP mit *Lessons Learned*, die Zuverlässigkeit der Informationen und deren Quellen zu bewerten. Als Auditor frage ich gerne danach, wie die Zuverlässigkeit der Informationen und Zahlen für die Kapazitätsplanung bewertet wurde. Dies sind die Fragen, auf die viele keine Antworten haben, welche aber daher die Grundlage für Sichtbarmachung von Verbesserungspotenzial darstellen. Eine ehrliche Betrachtung einer Unsicherheit als mögliches Risiko ist wichtig und sollte durch eine FMEA oder eine separate Risikoanalyse verfolgt werden.

Ein Beispiel:

Ein Unternehmen benötigt für eine fristgemäße Auftragsdurchführung 10 % ihrer Produktionsanlagen, beispielsweise Drehbänke. Diese müssen dafür bei einer Gesamtanlageneffizienz von 85 % exklusive Rüstzeiten liegen. Nun hat das MFT die Information aus einem anderen Projekt, dass einige Maschinen demnächst in Wartung gehen. Im MFT bekommt der Leiter der Produktion die Aufgabe, einmal zu schauen, wann der Wartungszeitraum ist. Falls dieser nicht im Zeitraum des Projekts geplant ist, muss überprüft werden, ob die 85 % Maschineneffizienz erfüllt werden kann und welche Losgröße ideal ist, um eventuell hohe Rüstzeiten zu kompensieren. All das ist erst einmal ein normales Risiko, jedoch ist es wert, betrachtet zu werden. Vielleicht kann die Wartung der betroffenen Maschinen vorgezogen und dadurch die Gesamtanlageneffizienz sogar noch erhöht werden.

Die Kapazitätsplanung sollte stets ehrlich gestaltet werden. Erstens, weil alles Erträumte den Optimisten irgendwann auf die Füße fällt und zweitens, weil jeder Kundenassessor daran die Glaubwürdigkeit des Unternehmens festmacht. So sind bei FTE-(*Full Time Engineer*)-Berechnungen zum Beispiel Lehrlaufzeiten für Krankstand, Schulungen etc. von mindestens 20 % üblich. Ein neuer Mitarbeiter ist mindestens die ersten 3 Monaten negativ effizient, da er einen Mentor teilweise bindet. Eine Steigerung seiner Effizienz unter einem Jahr auf 100 % ist in der Luftfahrt kaum möglich. Eine gute Kapazitätsplanung erkennt man auch daran, dass es einen Unterschied zwischen punktueller und fließender Steigerung gibt. Denn es ist ein Unterschied, ob eine Maschine gekauft wird, die 20 % der Fertigungskapazität von heute auf morgen steigert, oder ob ich innerhalb eines Jahres meine Mitarbeiterzahl um 20 % erhöhe. Der Kauf einer Produktionshalle bringt keine neuen Kapazitäten bis alle anderen Maßnahmen umgesetzt wurden, zum Beispiel das Einstellen und Anlernen der Mitarbeiter, die in dieser Halle arbeiten sollen.

Empfehlung:

Eine gut gemachte Kapazitätsplanung beeindruckt jeden Kunden. Es gibt hier vorbildliche und komplexe Methoden. Wichtig ist aber, dass die Planung die zukünftig angenommene Realität widerspiegelt. Um es noch einmal klar zu machen: Der Sinn der Kapazitätsplanung ist es, Risiken zu erkennen und sichtbar zu machen, wo Aktionen generiert werden müssen, damit das Risiko nicht zum *Event* wird.

Ein persönliches Beispiel:

Vor Jahren habe ich einmal im Auftrag eines OEM einen Sitzlieferanten in Asien auf seine Kapazitäten hin untersucht, da der Kunde ein neues Langstreckenflugzeug auf den Markt brachte. Es sollte also sichergestellt werden, dass dort 500 *Economy-class* Sitze nahezu zeitgleich produziert und inspiziert werden können. Mir wurde gesagt, es würde derzeit nebenan eine Halle gebaut für die Endkontrolle. Auf die Frage hin, wie die notwendige Fläche berechnet wurde, sagte man mir: „500 Sitze mal 0.9 qm“. Auf die Frage hin, wie die Inspektoren an die Sitze gelangen sollen, sagte man mir nach längerem Schweigen: „Wir können das noch ändern und 100 qm für die Wege zwischen den Sitzen einplanen“. Als wir zum Mittagessen gingen, sah ich die Halle. Der Rohbau war fast fertig.

Dieses Beispiel zeigt, dass in einer Kapazitätsanalyse Zeit und Ressourcen genau an der richtigen Stelle investiert werden sollten, um aus dem Aufwand der Planung auch Vorteile zu generieren, sprich: das Risiko zu senken und Nacharbeiten zu minimieren. Ein *floor plan layout* hätte in diesem Beispiel sicher geholfen.

8.3.8 Arbeitsplatzunterlagen *(Work Station Documentation)*

Arbeitsplatzunterlagen müssen qualitativ sehr hochwertig und natürlich richtig sein, denn aus diesen Vorgaben entsteht das Produkt. Falls in einer Anweisung etwas falsch beschrieben wurde, kann es nicht plötzlich richtig durchgeführt werden. Das wäre ein glücklicher Zufall. Es wird meist falsch! Eine Anweisung, die so beschrieben ist, dass sie nur 95 % der Mitarbeiter verstehen, wird mindestens zu 5 % fehlerhaft befolgt.

Im Kapitel über den Kontrollplan wurde bereits beschrieben, dass der Plan auch Informationen und Forderungen filtert und übersetzt, zum Beispiel in Testplänen. Ein großer Teil dieser Informationen findet sich in den Arbeitsplatzunterlagen wieder. Daher ist es wichtig, dass die Ingenieure, die die Arbeitsplatzunterlagen erstellen, zweisprachig sind. Sie sprechen die Sprache der Entwickler und die Sprache der Produktion.

Zu Arbeitsplatzunterlagen gehören unter anderem:

- Zeichnungen: Je nach Kenntnissen der Mitarbeiter können diese intern vereinfacht und einfacher verständlich gemacht werden, zum Beispiel durch Ergänzung mit Explosionszeichnungen. Nicht jeder Mitarbeiter versteht komplexe Bauteilzeichnungen. Eine noch bessere Alternative ist die entsprechende Schulung der Mitarbeiter. Es ist immer eine gute Kapitalanlage, das Wissen im Unternehmen zu fördern. Gleichzeitig verhindert es Flüchtigkeitsfehler bei der Übersetzung der Zeichnung. Hier liegen große Unterschiede, die auch geografische und bildungspolitische Faktoren hat, denn Arbeitsweisen mögen innerhalb Europas oder aber auch weltweit deutlich unterschiedlich sein. Das sollte bei Auslagerungen und Lieferantenmanagement beachtet werden.
- Testpläne und *Check-Sheets*: Wie bereits beschrieben, ist das Testen der KCs in und während der Produktion ein Muss. Das Verantwortlichmachen der eigenen Mitarbeiter für ihr eigenes Arbeitsergebnis sehe ich immer noch als Vorteil. Es gibt Unternehmen, die alles durch Inspektoren testen und kontrollieren lassen. Doch Mitarbeiter können geschult werden bezüglich der Übernahmen von Verantwortung. Damit Mitarbeiter auch in einer richtigen Weise verantwortlich gemacht werden können, muss das

Unternehmen eine interne Philosophie des *non-blaming* aufbauen, damit Fehler aus Angst vor Sanktionen nicht versteckt werden. Der Testplan oder Ähnliches ist normalerweise nach Ausführung eines Arbeitsschrittes als Kontrolldokument auszufüllen. Der Input für den Testplan kommt aus dem Kontrollplan.

- Visuelle Hilfe (*Visual Aids*): Ein typisches Bild in der Produktion ist eine Übermenge von Fotos. Visuelle Hilfen sind Hilfen und keine wirklich projektbezogenen Arbeitsunterlagen. Die Verfolgung bei potenziellen Änderungen der Originale ist stets ein Chaos und nur selten erfüllt es die Forderungen des Konfigurationsmanagements. Bei vorhandenen Monitoren in der Produktion kann gerne mal ein Foto aufgerufen werden, am besten automatisiert das richtige durch Barcode-Scanner oder ähnliches. Alles andere ist gefährlich. Natürlich gibt es Ausnahmen. An einem Arbeitsplatz, an dem ungelernte Arbeitskräfte, die kommen und gehen, immer die gleiche Schraube montieren, kann ein Foto helfen, doch die Produktionsfläche mit Bildern zu tapezieren ist nicht sinnvoll, sondern in den meisten Fällen eher ein Risiko.
- Die Teileliste (BOM – *Bill of Material*) ist in der Norm nicht im Detail beschrieben. Der Vollständigkeit halber gehe ich aber hierauf noch einmal ein: Je nach Qualifikation der Mitarbeiter mit zusammengestellten Unterbauteilen fertig vorbereitet findet man die BOM in einer Kiste oder aber der Mitarbeiter sucht sich selbst die Komponenten heraus. Es ist wichtig, dass Teile so benannt sind (Teilenummern), wie in der Teileliste beschrieben. Jegliche Verwendung von internen Teilenummern, die erst einmal zu übersetzen sind, sind potenzielle Fehlerquellen. Die Teileliste ist eine gute Möglichkeit, FOD (*Foreign Object Debris and Damages*) zu vermeiden und hilft bei den internen Eingangskontrollen vor Beginn des Arbeitsschrittes.
- Arbeitsanweisungen: Je verständlicher die Erläuterungen sind, desto niedriger ist die Fehlerrate. In Ländern, in denen es keine Berufsausbildung gibt, arbeiten teilweise branchenfremde Menschen in der Montage. Dies ist möglich, doch es bedarf Schulungen und vor allem leicht verständlicher Arbeitsanweisungen. Das ist eine Entscheidung der Unternehmensführung. Leider ist es oft so, dass die *soft skills* bezüglich des Wissens um die Wichtigkeit der Einhaltung der Prozessvorschriften zu kurz kommen, wenn auf zu viele branchefremde Mitarbeiter gesetzt wird. Daher muss auch hier wieder (beispielsweise durch verstärkte Kontrollen) kompensiert werden.

Andere Arbeitsplatzunterlagen können zum Beispiel Reinigungspläne der Maschinen sein.

Der Input für diese Forderungen kommt, wie schon erwähnt, meist aus dem Kontrollplan, aus den Zeichnungen der Phase 2, aus dem Prozessflussdiagram, internen generellen Anforderungen und vom internen Wissen der Produktionsabteilung.

8.3.9 Plan zur Analyse des Messsystems *(MSA – Measurement System Analysis)*

In diesem Element geht es um die Planung, also um das Identifizieren von Notwendigkeiten oder Vorteilen bezüglich der Durchführung von MSA. Zuvor eine kurze Erläuterung und ein ziviles Beispiel, worum es bei MSA überhaupt geht:

MSA bekommt mit APQP erstmals mehr Aufmerksamkeit. Daher hier ein Beispiel aus dem täglichen Leben:

Beispiel:

Wenn auf einer Landstraße die Geschwindigkeitsbegrenzung auf 100 km/h gesetzt ist und ein Fahrer mit 102 km/h in die Radarfalle fährt, muss er meistens nichts zahlen. Warum? Weil die Verkehrspolizei Schwankungen in ihrem Messsystem hat und nicht nachweisen kann, dass es trotz Kalibrierung der Geräte nicht zu kleinen Messabweichungen kommt (siehe Bild 11).

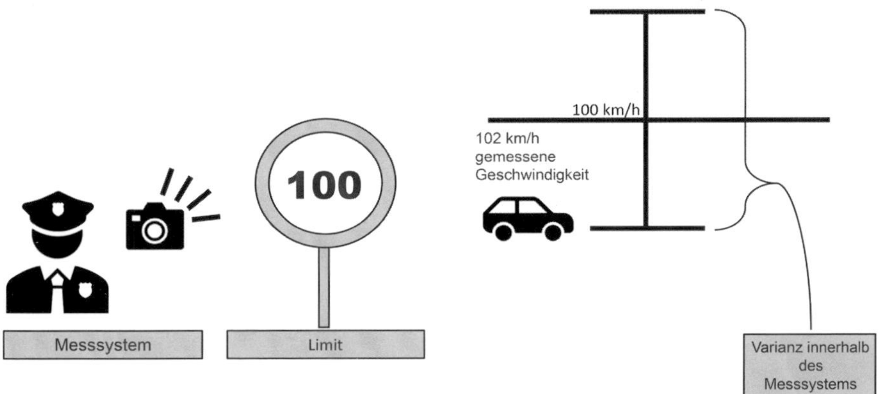

Bild 11: Einflussfaktoren mit Unsicherheiten eines Messsystems. Waren wir zu schnell oder lag der zu hohe Wert an der Unsicherheit der Einflussfaktoren des Messsystems?

Trotz Kalibrierung gibt es Umstände, die Messwerte variieren lassen. Durch Umwelteinflüsse, Handhabung des Messenden oder die Wahl des Messgerätes selbst. Solche Messabweichungen sind nicht zu verhindern, wohl aber zu bewerten und somit zu minimieren. Daher sollte spätestens seit Einführung von APQP eine MSA bei Bedarf durchgeführt werden. Dieses Thema sollte allerdings nur ausgeschlossen werden, wenn keine Messungen durchgeführt werden. Dies ist an den wenigstens Stellen der Fall.

Sollte es im Unternehmen noch keine Erfahrungen mit MSA geben, so sollte man es einfach mal ausprobieren. Eine MSA ist keine Raketenwissenschaft. Außerdem gibt es ein breites Angebot an ein- bis zweitägigen Schulungen. Etwas mehr Zeit sollte allerdings schon in das Verstehen der MSA investiert werden, denn dieses Wissen kann auch bei Themen wie der Prozessstabilität helfen.

Im Grunde versucht dieses Element herauszufinden, wie Schwankungen der Messergebnisse so gering wie möglich gehalten werden können. Hierfür gibt es innerhalb des Themas MSA Mittel wie zum Beispiel die *Gage R&R (R&R – Repeatability* & *Reproduceability* – Wiederholbarkeit und Reproduzierbarkeit). Dort wird beispielsweise analysiert, wie oft ein Inspektor an demselben Bauteil unter denselben Bedingungen dasselbe Messergebnis erzielt, beziehungsweise, wie hoch die Abweichungen sind (Wiederholbarkeit). Dann messen verschiedene Inspektoren dasselbe Bauteil und die Streuung der Ergebnisse wird betrachtet (Reproduzierbarkeit).

Wiederholbarkeit (Präzision): Die Variation zwischen derselben Messung, durch die gleiche Person mit identischen Instrumenten

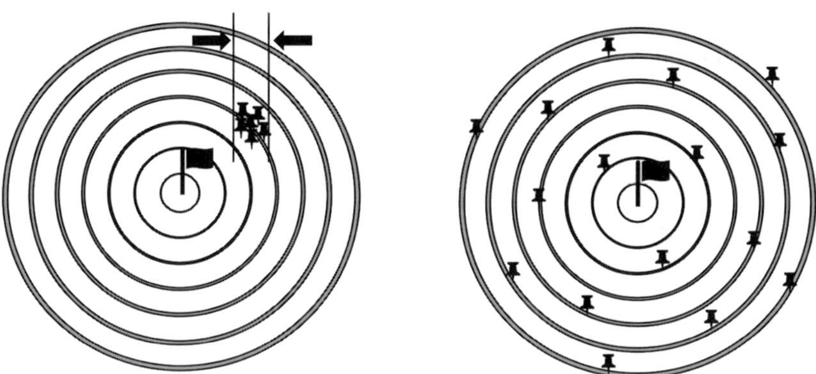

Reproduzierbarkeit: Der Unterschied zwischen Messungen durch verschiedene Personen mit identischen Instrumenten

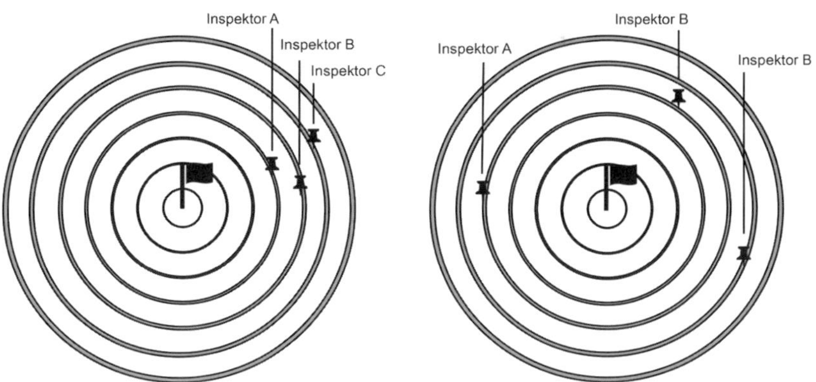

Bild 12: Misst eine Person stetig nahezu denselben Wert, können wir davon ausgehen, dass das System stabil ist (unabhängig von der Richtigkeit des Wertes). Dieses lässt zum Beispiel auf eine sichere Anwendung des Messinstrumentes schließen. Variiert der Wert zwischen verschiedenen Inspektoren, mag es an mangelhafter Beschreibung der Messanweisung liegen.

Je größer und weiter die Streuung, desto ungeeigneter ist das Messsystem. Das Ergebnis ist also eine Evaluation, ob ein Messsystem akzeptabel ist oder zu viele interne Fehler beinhaltet und daher keine vertrauenswürdigen Ergebnisse produziert. Der Output aus diesem Element, die richtige Wahl des Messinstruments und die Messanweisung findet sich dann im Kontrollplan wieder.

MSA wird nicht zwangsweise bei jedem Projekt oder an jedem Bauteil durchgeführt. Das MFT entscheidet darüber, ob dies sinnvoll ist, je nach derzeitigem Kenntnisstand bezüglich der richtigen Messmethode. Zum Beispiel mag es sein, dass erstmals ein sehr kleiner Innendurchmesser gemessen werden soll und eine MSA sinnvoll ist. Oder es wurde ein neuer Prüfraum fertiggestellt, oder neue Inspektoren wurden ausgebildet. In Summe betrachtet, macht MSA Sinn, wann immer uns Wissen über die Zuverlässigkeit des Systems fehlt. Daher mag der Aufwand anfangs höher sein als in der Zukunft. Bei der Einführung von APQP und zur Einführung der Mitarbeiter in das Thema, sollten am besten ein paar MSAs an Standardprodukten probehalber durchgeführt werden. Erst nach den ersten Erkenntnissen sollte das Thema in die internen Prozessbeschreibungen aufgenommen werden unter Beachtung der Kommentare der Mitarbeiter, die die MSA ausprobiert haben. Diese können zum Beispiel helfen ein Formblatt zu erstellen und die beste Vorgehensweise vorgeben. Per Projekt wird dann über die Anwendbarkeit von MSA entschieden.

Hinweis:

MSA ist nicht nur nützlich, um eventuell fehlerhafte Bauteile sicher zu identifizieren. Es ist ebenso wichtig, dass eigentlich fehlerfreie Bauteile nicht fälschlicherweise als Schrott deklariert werden. MSA spart so Geld und ist gleichzeitig ein Element, welches schnell und kostengünstig durchgeführt werden kann. Die MSA-Gruppe sollte aus einem Mix aus Inspektoren und Produktionsmitarbeitern bestehen. Um MSA durchführen zu können, sind die Informationen aus der PFMEA bereitzustellen, um zu schauen, welches die wichtigen Themen sind. Welche Maße sind kritisch? Die Gruppe kennt die Produkt- und Prozess-KCs und hat den Inspektionsplan beziehungsweise den Kontrollplan auf dem Tisch.

In dieser Phase kümmert man sich erst einmal nur um den MSA-Plan, das heißt, um die Vorbereitung. Es wird ausgewählt, was zu tun ist, durch wen und wann. Warum kann die MSA nicht schon hier und jetzt durchgeführt werden? Es gibt noch kein gefertigtes Produkt, welches gemessen werden könnte. Die eigentliche MSA wird in der Phase 4 mit dem tatsächlichen Produkt, dem Erstmuster, durchgeführt.

8.3.10 Management der Risiken der Lieferkette

Dieses Risiko wurde in den vorherigen Kapiteln zunächst insgesamt und eher vorläufig betrachtet. Nun ist es an der Zeit zu verifizieren, ob es bei den einzelnen, bereits ausgewählten Lieferanten Risiken gibt. Gibt es einen Lieferanten, der Schwierigkeiten bereits kommuniziert hat? Gibt es einen Lieferanten, bei dem Schwierigkeiten vermutet werden? Gibt es Lieferanten, die Unterstützung benötigen? In diesem Element werden Risiken konkret analysiert, aufgenommen und minimiert. Dieses Thema wird geprägt durch die Qualitätsverantwortlichen im Einkauf, ruft aber wieder Teile des MFTs auf. Was passiert bei einer verspäteten Lieferung durch einen Lieferanten? Startet die Produktion wie geplant oder muss diese verschoben werden? Das würde den Verkauf interessieren und den Produktionsleiter.

Normalerweise haben Unternehmen (besonders in der Luftfahrt) bereits eine Arbeitsweise zur Klärung dieser Fragen entwickelt. Jetzt, mit APQP, wird diese Arbeitsweise beschrieben, im MFT durchgeführt und nach internen Vorgaben dokumentiert.

8.3.11 Materialhandhabung, Verpackung, Kennzeichnung und Zulassung der Teilekennzeichnung

Vom Beginn der Produktion bis hin zur Auslieferung und Übergabe an den Kunden müssen die eigenen Teile geschützt und identifiziert werden können. APQP verlangt für diese bekannte Anforderung eine strukturierte Planung und Vorgehensweise. Im Bereich Handhabung geht es darum mögliche Gefahren für das Produkt zu identifizieren. Ein Thema ist zum Beispiel FOD. Ein anderes ist, elektrostatische Aufladungen zu verhindern. Des Weiteren ist zu verhindern, dass Mitarbeiter oder die Umwelt Schaden nehmen könnten. Viele Unternehmen machen all das bereits. Jetzt geht es darum, diese Maßnahmen pro Projekt im Vorfeld zu planen. Verweise auf vorhandene interne Standardmaßnahmen sind natürlich sinnvoll.

Folgendes Beispiel macht den Unterschied klar:

Beispiel:

In einem DIN EN 9100-Audit oder in einem Kundenassessment bezüglich FOD würde die Frage des Auditierenden eventuell lauten: Ist sichergestellt, dass bei Arbeitsbeginn nur Teile im Arbeitsbereich liegen, die zur Erledigung des Arbeitsschrittes benötigt werden? Eine Antwort könnte sein: „Arbeitsplatz xyz Auftrag abc: Nur arbeitsschrittspezifische Teile am Arbeitsplatz. O.K.“

In einem APQP-Assessment oder -Audit könnte die Frage lauten: Wie wird vorab sichergestellt, dass sich nur arbeitsschrittspezifische Teile am Arbeitsplatz befinden? Die mögliche Antwort: „Kapazität für diesen Auftrag reserviert am Arbeitsplatz xyz. Prozess abc schreibt vor, nach Abschluss der vorhergehenden Arbeit den Arbeitsplatz von allen Werkzeugen und Materialien zu reinigen. Arbeiter bezieht bei Arbeitsbeginn Box mit benötigten Materialien und Werkzeugen nach Arbeitsplan abc".

Es geht also bei APQP vielmehr um die Sicherstellung, dass etwas wie gewünscht passieren wird, durch eine präventive und proaktive Handlungsweise. *Vor* APQP haben wir Momentaufnahmen auditiert, die eventuell vom Zufall beeinträchtigt wurden.

Bereits in Phase 2 wurde auf die Verpackungsspezifikation eingegangen. Vieles, was für die Erfüllung dieses Elements notwendig ist, ist schon vorhanden, irgendwo. Normalerweise erhält die Abteilung Informationen zur Verpackung vom Kunden und zusätzlich die Informationen zur dauerhaften Teilekennzeichnung aus der Bauteilzeichnung aus Phase 2. Forderungen zur Identifizierung während der Produktion sind in internen Vorschriften bereits beschrieben, genauso wie es bereits einen Prozess gibt, um FOD zu verhindern. Mitarbeiter werden geschützt (zum Beispiel vor zu schwerem Heben) durch die interne Mitarbeiterschutzverordnung. Die Umwelt wird geschont, indem den Forderungen nach ISO 14001 nachgekommen wird.

Die meisten dieser Maßnahmen werden sowieso schon befolgt. Dieses Element fordert uns auf, all diese Forderungen einmal gemeinsam zu sichten und zu bewerten, ob alle im APQP-Projekt umgesetzt werden können. Falls es Unklarheiten gibt oder negative Resultate, werden Aktionen vereinbart, verfolgt und dokumentiert. Es kann zum Beispiel sein, dass noch Knallfolie bestellt werden muss. Es wäre nicht das erste Mal, das eine Lieferung daran scheitert. Das MFT wird hier gebildet aus Produktion, Qualitätssicherung, Manufacturing Engineering, Logistik, dem zuständigen Mitarbeiter für Arbeitssicherheit und wer immer hier sonst noch Einfluss hat. Am einfachsten für das MFT ist es, sich auch hier wieder, wie beim PFMEA, sich am PFC/D zu orientieren.

8.3.12 Überprüfung der Produktionsbereitschaft (PRR – *Production Readiness Review)*

Wie auch die Phase 2 einen Abschlussmeilenstein vor Übergabe der Entwicklungsunterlagen an die Produktion hat, so hat diesen auch die Phase 3. Der Meilenstein besteht darin, einmal die Plausibilität der Erzeugnisse und

Nachweise aus Phase 3 zu überprüfen. Sozusagen eine Endkontrolle der in Phase 3 durchgeführten Aufgaben. Zu diesem Zeitpunkt steht das APQP-Projekt kurz vor der Produktion. In der folgenden Phase 4 wird Material verbraucht, Maschinen benutzt, Arbeiter beauftragt und gekaufte Teile verwendet. Um Verluste zu vermeiden, soll daher sichergestellt werden, dass an alles gedacht wurde. In der Norm DIN EN 9145:2019 (Kapitel 4.5.2) heißt es: „ ... um zu überprüfen, dass der Herstellungsprozess dokumentiert und produktionsreif ist".

Daher folgt diese Vorgehensweise:

Die Prozessentwicklung wird dokumentiert und damit das Ergebnis nachvollziehbar gemacht. Vieles hierfür haben wir in den Berichten aus den MFTs (MOMs). Es gibt das PFMEA, aus dem die Hintergründe für risikobedingte Entscheidungen entnommen werden können. Es gibt die Forderungen vom Kunden und unsere eigenen. Gibt es einen NADCAP-Prozess, der noch freigegeben werden muss?

Beispiel:

Szenario ist, dass ein Kunde 6 Monate nach Produktionsstart zu Besuch kommt, um Ihren Herstellungsprozess anzuschauen und er fragt: „Wieso lackieren Sie das Teil von Hand und nicht in Ihrer automatisierten Lackieranlage?". Diese Frage muss aus den vorhandenen Unterlagen heraus beantwortet werden können, auch ohne den Kollegen im Urlaub in Italien anzurufen.

Das PRR sollte (aus meinen Erfahrungen) nicht von involvierten Kollegen oder hoch angesiedelten Vorgesetzten durchgeführt werden lassen, sondern von den drei Parteien Manufacturing Engineering, Qualitätsabteilung sowie Produktion und deren vorstehenden Personen. Aus diesen Abteilungen kommen die relevanten Fragen. Außerdem sollte je nach noch offenen Risiken, nach Einsatz von Materialien, Projektgröße und Dringlichkeit, das PRR vom Management freigeben werden. Dieses kann im internen Prozess für PRR entsprechend so festlegt werden.

Unbedingt sollte der Einkauf involviert sein, um sicherzustellen, dass die Teile im Hause sind, oder mindestens auf dem Weg. Gesichtet werden außerdem die Arbeitsplatzunterlagen. Bei Zweifeln ist eine Prüfung auf Verständlichkeit durch einen später mit den Unterlagen arbeitenden Produktionsmitarbeiter angebracht. Ist der Kontrollplan freigegeben und der Testplan erstellt? Sind beispielsweise die Messuhren, die im Kontrollplan gefordert sind, verfügbar und kalibriert? Sind diese nicht für eine Kalibrierung im Zeitraum der Phase 4 (schauen Sie in den Projektplan aus Phase 1) verplant?

Ein Gang in die Halle, um sich zu vergewissern, dass die neue Maschine, die benötigt wird, installiert, geprüft und freigegeben ist, ist immer von Vorteil. Es soll unbedingt vermieden werden, dass jemand in drei Tagen sagt: „Ja, eigentlich hätte die Maschine auch fertig sein sollen, leider war aber ein Ersatzteil nicht verfügbar". Externe Probleme sollen möglichst vom Projekt ferngehalten werden.

Es wird außerdem sichergestellt, dass das PFMEA abgeschlossen ist. Also werden Risiken so gut wie möglich minimiert, transferiert oder gegebenenfalls akzeptiert. Akzeptiert das MFT ein Risiko, so wird im PRR einmal im Kontrollplan nachgeschaut. Dort sollte das Risiko auftauchen, zum Beispiel hinterlegt mit einer 100%-Kontrolle, um wenigstens seine Aufdeckwahrscheinlichkeit hoch zu halten. Somit wird gleichzeitig überprüft, ob die von APQP geforderte Kommunikation zwischen den Elementen stattgefunden hat.

Das PRR verlangt die Dokumentation all dieser Prüftätigkeiten in einer Checkliste oder in einer Software. Offene oder ungeklärte Punkte werden mit einer Aktion, einem Aktionshalter und einem **zeitnahen** Erfüllungsdatum versehen. Wenn es zu diesem Zeitpunkt noch nicht geklärt ist, ob die Maschine startklar ist, kann dies mit einem kurzen Gang in die Produktionshalle überprüft werden. Kurz vor Produktionsstart sollten keine Aktionspläne in E-Mails hin und her geschickt werden. Telefonate sind hier besser.

Sobald die Verantwortlichen das O.K. geben, geht es in die Phase 4. Hier sollte es ausnahmsweise keine große Überlappung zwischen den Phasen geben, außer bei sehr langen Produktionszeiten, wobei der letzte Arbeitsprozess am Bauteil erst Wochen nach dem ersten ist.

Sag's noch einmal, Dirk:

Die Phase 3 ist für viele Unternehmen am aufwendigsten. So wie in der Phase 2 das Produkt definiert und festgeschrieben wird, so werden hier die Prozesse festgeschrieben. So wie es nur schwer möglich ist, eine Zeichnung eines Bauteils zu ändern, die in Phase 2 entstanden ist, so ist es nur schwer möglich Prozesse zu ändern nachdem das Erstmuster freigegeben wurde. Das ist gewollt und bringt Vorteile mit sich. Ergo: Stellen wir von Anfang an sicher, dass Prozesse ausgewählt und beschrieben wurden, die das Produkt nach Anforderung herstellen und effizient sind. Stetige Verbesserung ist ein eigener Prozess und dient nicht dazu, konform oder effizient zu werden, sondern *noch* besser und *noch* effizienter!

9 Phase 4: Produkt- und Prozessvalidierung

9.1 Einleitung

In der Phase 4 startet die Produktion. Das erste Bauteil oder die ersten Bauteile werden produziert, um den Nachweis zu erbringen, dass das entwickelte Produkt alle Anforderungen erfüllt und die ausgewählten Prozesse fähig sind, das von der Entwicklung vorgegebene Produkt zu produzieren. In dieser Phase findet das sogenannte Produktionsteil-Freigabeverfahren (PPAP – *Production Part Approval Process*) statt, welches auch die Erstmusterprüfung als Element und den Erstmusterprüfungsbericht als Nachweis enthält. Zu APQP kommt also nun PPAP als ein wichtiger Baustein und als eine der großen Neuerungen im Gesamtprozess.

9.2 Fallbeispiel

Das PRR wurde freigegeben und das Erstmuster beziehungsweise die Erstmuster werden produziert. Angenommen, es geht um ein Gehäuse für die Hydraulikpumpe. Der Prozess des Gießens beginnt, danach wird gefräst, dann gebohrt, entgratet und dann die Endkontrolle ausgeführt. Alles bereits so, wie es in der Zukunft auch an den Serienbauteilen passieren soll. Mit den gleichen, besser noch denselben Maschinen, in denselben Arbeitsbereichen und geprüft mit den im Kontrollplan genannten Messmitteln. Diese sogenannte Erstmusterfertigung ist bereits bekannt. Neu ist hier, dass der der Kunde in diesem Fallbeispiel in Zukunft 300 Gehäuse pro Monat haben will. Und da der Kunde die Anwendung von APQP und damit auch PPAP gefordert hat, muss nun nachgewiesen werden, dass das Unternehmen in der Lage ist, die gewünschte Anzahl zeitgerecht und qualitativ zu 100 % herzustellen. Wie kann dies nachgewiesen werden? In diesem Fallbeispiel mit 300 Gehäusen könnte es folgendermaßen aussehen: 300 Gehäuse pro Monat sind 15 Gehäuse pro Arbeitstag oder 5 Gehäuse pro Schicht. Stellen wir 5 Gehäuse in einer Schicht her, welche alle Forderungen erfüllen, kann auf die Produktion einer größeren Menge geschlossen werden.

Empfehlung:

Wenn miteinbezogen wird, dass die Nachtschicht im Vergleich zur Tagschicht nur eine Effizienz von 70 % hat, sollten vielleicht 6 oder 7 Erstmuster hergestellt werden, um den Nachweis auch handfest zu machen. Bei einer plausiblen Rechnung beziehen wir Feiertage mit ein. Das zeigt dem Kunden, dass wir an alle Szenarien gedacht haben und auch im Dezember 300 Teile liefern werden.

9.3 Elemente der Phase 4: Ein Überblick

Die Elemente der Phase 4 dienen dazu

- ein Bauteil als konform zu deklarieren,
- nachzuweisen, dass Anforderungen verstanden wurden,
- nachzuweisen, dass das Unternehmen und seine Prozesse fähig sind, die vom Kunden verlangte Menge im vorgegebenen Zeitraum fehlerfrei zu produzieren,
- die Serienfertigung so sicherzustellen, dass möglichst wenig Fehler auftreten und
- Schwächen zu beheben, die trotz guter Vorbereitung während der Erstmusterherstellung aufgetreten sind.

9.3.1 Produktionslauf *(Production Process Run)*

Wie im Fallbeispiel beschrieben, wird am Erstmuster oder an mehreren Erstmustern nachgewiesen, dass die entwickelten Prozesse fähig sind, das oder die Bauteile nach Kundenvorgabe bezüglich Qualität und Quantität herzustellen. Dieser erste Produktionslauf sollte streng beobachtet werden. Das Basis-MFT (Produktion, Entwicklung beziehungsweise *Production Engineering*) sollte Schwierigkeiten, Engpässe und Verbesserungspotentiale identifizieren können. Daten sollten genommen werden bezüglich Rüstzeiten und Dauer einzelner Prozessschritte. Es wird geschaut, wie Mitarbeiter mit den Arbeitsanweisungen umgehen, Bereiche werden auf potenzielle Fremdkörper überprüft. Gibt es Sicherheitsmängel oder ist etwas ergonomisch unvorteilhaft für die Mitarbeiter?

Im Falle von Abweichungen sollten die dafür vorgesehenen Prozesse und Kommunikationswege zum Reporting genutzt werden. Dieses zeigt gleichzeitig die Funktionsfähigkeit unterstützender Prozesse. Das Ergebnis dieses Produktionslaufs sind Bauteile und Informationen.

In dieser Phase ist es wichtig, sich auch auf jeden Fall an die mit dem Kunden vereinbarten Verabredungen zu halten. Ist die Erstmusterprüfung nach DIN EN 9102 verabredet, so ist diese einzuhalten. APQP fordert keinerlei Maßnahmen, die gegen die Einhaltung der DIN EN 9102 spricht.

Empfehlung:

Sollte ein Bauteil später schichtübergreifend hergestellt werden, sollte diese Erfahrung auch im ersten Produktionslauf gesammelt werden. Viele Fehler passieren durch mangelnde Kommunikation zwischen den Mitarbeitern der verschiedenen Schichten. Auch und gerade bei den kleineren Prozessschritten sollte man dabei sein, wie zum Beispiel dem Entgraten. Der Teufel steckt doch manchmal im Detail und Dinge, die als einfach gelten, werden gern außer Betracht gelassen.

9.3.2 Analyse des Messsystems

Wir haben die MSA bereits teilweise kennengelernt und die Vorgehensweise für die Planung von MSA im Kapitel der Phase 3 bereits erläutert. Der Plan existiert also und die Mitarbeiter und Kollegen sind jetzt geschult, diese MSA durchzuführen. Das Resultat und die Erkenntnisse der MSA fließen direkt zurück in den Kontrollplan. Da der Kontrollplan ein lebendes Dokument ist, werden Ergebnisse aus der MSA dort aufgenommen und der Plan entsprechend geändert, falls die MSA einen Bedarf für eine Verbesserung gefunden hat. Wir sind nach DIN EN 9145 dazu verpflichtet, jede Messung von KC (Produkt und Prozess) einer MSA zu unterziehen.

Wie wirkt und unterstützt MSA andere Elemente und Anforderungen und somit das Gesamtergebnis?

Hier noch einmal ein ziviles Beispiel für ein besseres Verständnis der Thematik:

Beispiel:

Unser Ehepartner (= unser Kunde) möchte gerne sonntags ein Frühstücksei. Das Eiweiß hart, das Eigelb etwas flüssig (Spezifikation und Viskosität sind bekannt). Da wir uns sonntags um die Küche kümmern (Lieferant, Prozesseigner), überlegen wir uns, wie wir dieses Produkt KC erfüllen können. Wir könnten also 10 verschiedene Eier kochen, nach Stand der Sonne, zwischen 2 und 7 Minuten lang, also von Sonne berührt oberste Latte Gartenzaun, bis Sonne berührt erste beziehungsweise fünfte Latte des Gartenzaunes. Dann prüfen wir die 10 Eier und entscheiden uns, dass das Ei von „oberster Latte Gartenzaun bis dritte Latte Gartenzaun kochen muss. Erst einmal ist das unvorteilhaft, da der Ehepartner gezwungen ist, immer zur gleichen Zeit zu frühstücken. Zweitens werden wir bei einer MSA feststellen, dass wir zwischen Sommer und Winter eine enorme Streuung haben, und die Eier manchmal weich und manchmal steinhart sind. Das Messmittel „Sonnenstand“ und Gartenzaun ist also ungeeignet.

Wir versuchen es mit einer Stoppuhr. Hier ist das Ergebnis bereits besser. Wir haben herausgefunden, dass bei Einhaltung bestimmter Parameter (Ei aus Kühlschrank), das Produkt nach 4,5 Minuten perfekt ist und den Kunden zufriedenstellt. Leider haben wir auch noch andere Aufgaben, wie Orangen auspressen, und da kam es schon einmal vor, dass wir die Stoppuhr vergessen haben. Das war zweimal der Fall. Zu oft.

Die Nutzung einer Eieruhr gab uns das beste Ergebnis. Sie erinnerte uns mit einem hässlichen Geräusch daran, dass das Ei 4,5 Minuten im Wasserbad war. Unser im Kontrollplan festgeschriebenes Messmittel zur Überprüfung dieses Prozess-KCs ist also die Eieruhr. Sie ist unabhängig von Tages- und von Jahreszeiten, recht stabil. Des Weiteren handelt es sich hierbei um einen *special process*, da wir das Ergebnis ohne zerstörende Prüfung nicht vor Auslieferung an den Kunden bewerten können. Dauerhaft hilft uns MSA also dabei, keinen Ausschuss zu produzieren, Fehler nicht an den Kunden zu liefern und den Prozess resistenter gegenüber menschlichen Fehlern (zum Beispiel dem Vergessen und Ablesefehlern) zu machen.

Die wichtigsten Inputs für die MSA sind der MSA-Plan und der Kontrollplan beziehungsweise Inspektionsplan sowie alle KCs. An dieser Stelle werden Mitarbeiter beziehungsweise Inspektoren für die Durchführung der MSA benötigt. Beachtet werden sollte, dass diese aus dem Tagesgeschäft abgezogen werden müssen. Eine ehrliche und gründliche Kapazitätsplanung beinhaltet diesen Aufwand.

9.3.3 Einleitende Prozessfähigkeitsuntersuchung *(Initial Process Capability Studies)*

Das Zusammenspiel verschiedener Elemente ist das A und O von APQP. Eine andere Forderung der Sicherstellung von Stabilität haben wir bezüglich der Produktionsprozesse. MSA bezog sich auf das Messsystem. Nun sollen Schwankungen im Produktionsprozess minimiert werden. Wieso? Solange wir immer in den Toleranzen produzieren, sind wir doch auf der sicheren Seite, möge man meinen.

Folgendes Szenario:

a) Ein Unternehmen produziert ein gutes Bauteil. Danach gibt es Schwankungen im Prozess. Besteht die Möglichkeit, Abweichungen zu produzieren? Ja!

b) Ein Unternehmen produziert ein gutes Bauteil. Danach gibt es keine (gegen Null gehende) Schwankungen im Prozess. Besteht die Möglichkeit hier Abweichungen zu produzieren? Nein!

Reduktion von Schwankungen vermindert also die Fehlerwahrscheinlichkeit. Dieses einmal gesagt, haben wir eine von zwei Vorteilen der Prozessfähigkeitsuntersuchung. Der zweite Grund ist: Der Kunde möchte gerne immer ein vergleichbares Ergebnis. Ein Beispiel aus dem täglichen Leben: Wir alle kennen diese kleinen Ketchup- oder Mayonnaisetütchen, die wir im Restaurant bekommen. Wäre es nicht schön, wenn wir diese jedes Mal mit der gleichen Kraftanstrengung öffnen könnten? Wir müssten weder die Zähne benutzen noch würde die Hälfte des Inhalts neben dem Teller landen, weil unerwarteterweise das Tütchen doch ganz einfach aufging.

Das Gleiche gilt für die Aufgabenstellung, einen Bolzen in eine Bohrung zu stecken oder einen Splint zu installieren. Soll der Kunde in der Arbeitsanweisung vorschreiben, einen Gummihammer zu benutzen oder kann er davon ausgehen, dass man den Bolzen per Hand einschieben kann?

Es soll also erreicht werden, dass die Schwankungen im Prozess gegen Null gebracht werden. Insbesondere bei den KCs des Produkts und, da der Prozess direkten Einfluss auf das Produkt hat, auch bei den KCs der Prozesse. Messen tun wir diese bereits stetig, da im Kontrollplan so vorgeschrieben. Wir sichern die Ergebnisse ab, da wir die bestmögliche Messmethode durch MSA bereits identifiziert haben.

Ich hoffe, das Zusammenspiel wird nun langsam klar. Dann ist es jetzt an der Zeit zu schauen, wie die Prozessfähigkeit untersucht wird. Wie bei anderen Elementen auch, gibt diese Anleitung nur einen ersten Einblick. Um dieses Wissen zu vervollständigen, sind wieder tiefer gehende Kenntnisse notwendig, wieder einmal mithilfe Ihrer *Lean*-Experten und durch spezifische Schulungen.

Im Kapitel bezüglich der Schlüsselmerkmale wurde bereits die sogenannte Prozessstabilität teilweise erläutert. Wird die vorgegebene Prozessstabilität erreicht und Ergebnisse im angestrebten Bereich erzielt (meist Mitte der Toleranz) so erreichen wir die Prozessfähigkeit.

Beispiel:

1.000 Löcher sollen in ein Bauteil gebohrt werden. Die geringfügige, aber stetige Abnutzung des Bohrers führt dazu, dass der Durchmesser der Bohrung geringfügig, aber stetig kleiner wird. Handelt es sich hierbei um ein KC, so fordert APQP, dass die Schwankung gering gehalten wird. Man wird also schauen müssen, ob man den Bohrer nach 500 Löchern oder bereits nach 200 wechseln sollte. Wann wird eine Prozessstabilität erreicht, die vertretbar ist? Aus ökonomischer Sicht betrachtet, wird niemand den Bohrer nach jeder Bohrung wechseln. Gleichzeitig wird versucht, den Prozess so zu gestalten, dass der vom Kunden erwartete Wert der Stabilität erreicht wird, und nicht nur die Toleranz eingehalten wird. Hierzu bedienen wir uns Berechnungen, die uns den schon erwähnten Cpk liefern.

Ein kurzer Exkurs zum Thema Prozessschwankungen, um sicherzustellen, dass das Thema Prozessfähigkeit und Schwankungen in Bezug auf Anwendung von APQP verständlich ist:

Exkurs:

Das Thema Prozessschwankungen soll innerhalb von APQPs hauptsächlich zwei Dinge abdecken:

a) Risiken sollen früh erkannt werden (Frühwarnsystem). Das heißt, wir nutzen potenzielle Trends, die sich ungewollt entwickeln, um einzugreifen, bevor ein Fehler (eine Toleranzabweichung) produziert wird. Hierzu dienen selbst entwickelten Grenzen (Warnungen), welche anzeigen, ob ein Wert sich dem Grenzbereich der Toleranzen nähert. Das heißt, wir würden in diesem Falle höchstwahrscheinlich in naher Zukunft einen Fehler produzieren, wenn wir nicht irgendetwas ändern, zum Beispiel den Bohrer wechseln. Normalerweise werden hierzu Regelkarten verwendet. Automatisiert können solche Warnungen an das E-Mail-Postfach oder an das Telefon gesendet werden.

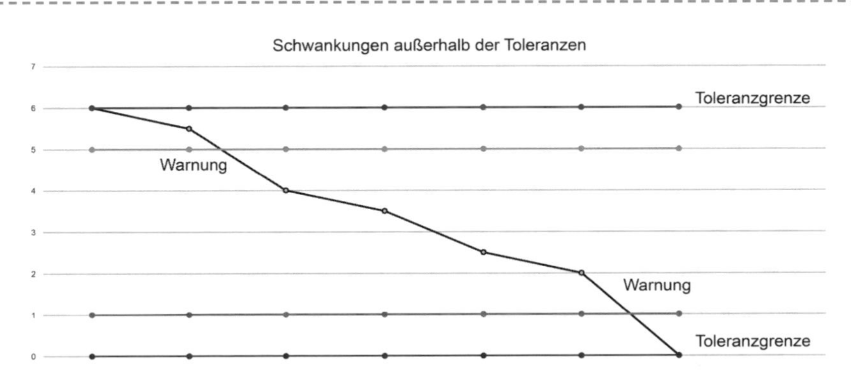

Bild 13: Intern gesetzte Warnungen helfen, eine Reaktionszeit zu generieren, in der wir immer noch ein Risiko haben und somit die Möglichkeit des Eingreifens, bevor ein Fehler entsteht.

b) Die Abweichung vom Idealmaß sollen stetig so gering wie möglich gehalten und verbessert werden. Wir untersuchen, ob es Situationen gibt, die den Wert immer wieder schwanken lassen. Diese sollen dann minimiert oder vermieden werden. Zum Beispiel kann es sein, dass der Durchmesser sich im Winter immer wieder der Toleranzgrenze nähert. Ursache könnte beispielsweise ein Durchzug sein, der immer wieder die Temperatur der Umwelt absinken lässt. Die Aktion zur stetigen Reduktion von Schwankungen wäre dann eine Luftschleuse. Ziel ist es, die Messlinie (Bild 14) so gerade und nah am Soll zu halten wie möglich. Priorität der Verbesserung sollten immer die größten Ausschläge haben, so nähert man sich Schritt für Schritt der Perfektion.

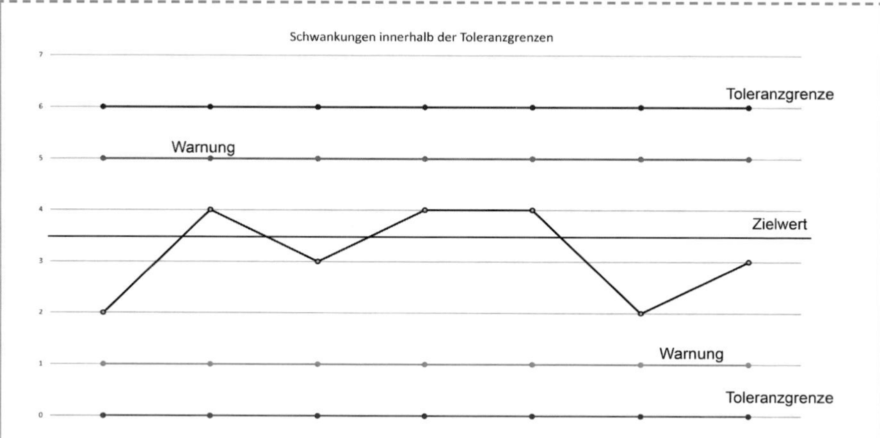

Bild 14: Zeigt uns stetige ungewollte Schwankungen und deren Verteilung auf einer Zeitachse. Dies ermöglicht Nachforschungen bezüglich der Ursachen anzustrengen.

Hinweis:

Es gibt Abweichungen, die APQP nicht betrachtet, die ich aber der Vollständigkeit halber hier kurz erwähne: Sollte ein Prozess stabil sein, über einen großen Zeitraum hinweg und dann einmal eine Häufung von Abweichungen in Folge haben, lässt die Veränderung darauf schließen, dass es eine äußere Kraft gab. Ein Beispiel wäre ein Erdbeben oder das anderweitig ungewollte Bewegen einer Maschine oder Messeinrichtung. Es gehört auch zu den Aufgaben der Qualitätssicherung, dieses zu untersuchen und Auswirkungen möglichst gering zu halten. APQP beschäftigt sich hiermit aber nicht direkt.

In Phase 4 soll die Prozessfähigkeit untersucht werden, das heißt, dass wir Werte aufnehmen und erst einmal gar keine großen Aktionen starten. Mehr ist auch gar nicht möglich, da bisher eventuell nur 10 Bauteile produziert wurden und es nicht genügend Daten gibt, um einen soliden Cpk zu ermitteln. Wohl aber können hier eventuell schon erste Anzeichen von Unregelmäßigkeiten erkannt werden. Die Statistik gibt vor, dass es eine gewisse Datenmenge benötigt, um die Berechnungen aussagekräftig zu machen. Unter 30–40 Vergleichsdaten sollten keine Schlussfolgerungen gezogen werden, die Geld kosten und eventuell nicht in die richtige Richtung führen. Die Menge der benötigten Daten sollte dem Kunden kommuniziert werden, und mit seinen Erwartungshaltungen beziehungsweise Prozessen abgeglichen werden.

Empfehlung:

Um das Thema Prozessfähigkeit und SPC kommt man nicht herum, es sei denn, man hat ein sehr manuell produzierendes Unternehmen. Sollte es intern noch kein oder kaum Wissen hierüber geben, muss dieses Wissen im Unternehmen die nächsten Jahre aufgebaut und vertieft werden. Es ist schon jetzt erkennbar, dass die Forderung nach statistischen Auswertungen und Minderung von Schwankungen eines der wichtigen Themen in den nächsten Jahren werden wird. Eine Automatisierung durch Software und Live-Übermittlung der Daten an den Kunden ist zu erwarten. Dieses Thema wird in Phase 5 erneut aufgegriffen.

9.3.4 Kontrollplan

Der Kontrollplan ist wie bereits angesprochen ein lebendes und sich ständig änderndes Element, ein Nachweis und ein Dokument zugleich. Wenn nun die ersten Bauteile gemessen und getestet werden und die Prozesse und deren KCs eingehalten wurden, dann sollten die Annahmen des vorläufigen Kontrollplans noch einmal hinterfragt und überprüft werden. Außerdem haben wir weitere Erkenntnisse von den Anwendern. Mitarbeiter folgten zum Beispiel den Anweisungen und hatten hier noch Anmerkungen oder Unklarheiten. Die Daten aus der MSA werden ebenfalls geprüft und verbessern gegebenenfalls den Kontrollplan. Der Kontrollplan soll hier die Reife erlangen, die für eine fehlerfreie Produktion und Bewertung von Serienbauteilen benötigt wird.

In der Regel hat der Kontrollplan drei Reifegrade:

1) Der Vorproduktionskontrollplan: Dieser beinhaltet die ersten Annahmen darüber, wie etwas geprüft beziehungsweise sichergestellt wird.
2) Der Kontrollplan, der die ersten Erkenntnisse aus MSA-Plan und Feedback von Mitarbeitern enthält. Dieser wurde angepasst, falls es Änderungen in der Phase 3 gab.
3) Der Kontrollplan, der für die Serienfertigung freigegeben wurde. Dieser berücksichtigt Erfahrungen, die während der Erstmusterproduktion gesammelt wurden, sowie Erkenntnisse der MSA aus Phase 4.

Der eigentliche und letzte Kontrollplan (3) wird nicht die letzte Version sein. Die Phase 5 fordert eine stetige Verbesserung. Der Kontrollplan wird also stetig angepasst werden müssen, damit die Effizienz gesteigert wird, Prozesse stabiler werden und Kontrollen verringert werden können. Dieses Vorgehen sollte in einem Prozess oder einer Arbeitsanweisung beschrieben sein. Man könnte zum Beispiel beschreiben, dass der Kontrollplan einer 6-monatigen Revision unterliegt, in der effizienzsteigernde Maßnahmen eingearbeitet werden sowie Maßnahmen zur Prozessstabilitätsverbesserung.

Empfehlung:

Das differenzierte Benennen der drei verschiedenen Versionen des Kontrollplans, wie zum Beispiel „vorläufiger Kontrollplan" für den ersten und „Erstmusterkontrollplan" für den zweiten hat den Vorteil, dass jeder versteht, wo wir uns im Prozess befinden. Es gibt hier nur begrenzt zwingende Vorgaben in der Norm DIN EN 9145. Ab dem finalen Kontrollplan (für die Serienfertigung) wird dieser dann in das Versions- bzw. Dokumentenmanagement mit aufgenommen. Ab dann folgt man den internen Konfigurations- und Versionsmanagementvorgaben, beispielsweise v1.0, v2.0 ff.

Wichtig ist, dass der Kontrollplan alle Inputs bekommt, die er benötigt, um den verlangten Reifegrad zu erlangen und dass er stetig mit den anderen Elementen kommuniziert. So muss zum Beispiel in den Prozessen ersichtlich sein, dass es im Falle einer Risikoerkennung für ein ähnliches Bauteil während einer PFMEA eine Information gibt, die dieses (jetzt ins eigene Bauteil transferierte) Risiko im Kontrollplan widerspiegelt. Dies kann zum Beispiel geschehen, indem man bezüglich des identifizierten fremden Risikos im Kontrollplan zeitlich begrenzt von einer 10 %-Prüfung zu einer 100 %-Prüfung wechselt.

In relativ manuellen Prozessen wird dieses sichergestellt, indem die Muss-Kommunikation in den Prozessbeschreibungen vermerkt wird. Und zwar von der Quelle bis zur Mündung. Das heißt, dass bereits in der Prozessbeschreibung PFMEA niedergeschrieben ist, dass die Erkennung eines Risikos in einem Bauteil auf jeden Fall die Revision ähnlicher Bauteile nach sich zieht. Das Ganze kann nach Belieben und Sinnhaftigkeit automatisiert werden, mit verschiedenen Triggern und Meldungen.

Der Basis-Input eines jeden Kontrollplans ist:

- DFMEA (beziehungsweise jegliche Form der Risikoanalyse der Entwicklung)
- PFMEA
- PFC/D
- Vorgänger des jeweiligen Kontrollplans

Hinweis:

Die Identifizierung weiterer Inputs beziehungsweise Prozesse oder Tätigkeiten, die eine Kontrollplanrevision auslösen können, ist sinnvoll. Das kann zum Beispiel eine Erkenntnis aus einer Ursachenanalyse nach 8D sein.

9.3.5 Verifizierung von Kapazitäten

Auch die Kapazitäten sind ein wiederkehrendes Thema. Zumeist wurden diesbezüglich jedoch in vorhergehenden Phasen vor allem Annahmen zu den benötigten Kapazitäten getroffen, da die Datenlage noch zu dünn für weitere Schritte war. Jetzt, nachdem ein oder mehrere Erstmuster in der Produktion sind, gibt es vertrauenswürdige Daten. Es ist bekannt, wie viele Mitarbeiterstunden es braucht, um das Bauteil zu montieren und auch wie viel Zeit das Bauteil in der Galvanik benötigt. Die Aufgabe dieses Elements ist also ganz einfach. Die Annahmen werden durch die gewonnenen Erkenntnisse ersetzt und nun wird aus einer verbesserten Ausgangslage heraus überprüft, ob es ein Risiko gibt.

Es kann zum Beispiel sein, dass die Gesamtanlageneffizienz falsch bewertet wurde und ein Fräsvorgang beispielsweise länger dauert als erwartet. „Wir hatten nicht mit so viel ungeplanten Maschinenausfällen gerechnet, das liegt bestimmt am Material“, sagt der Vorarbeiter. Solche Erkenntnisse werden in der *Lessons-Learned*-Datenbank niedergeschrieben. In Folgeprojekten kann man damit später besser planen. Außerdem kann nun doch schneller getestet werden als geplant. Wir müssen also hier noch an kleinen metaphorischen Schrauben drehen. Sollten es große Aktionen sein, die wir angehen müssen, um die Kapazitätsplanung so zu gestalten, dass sie funktioniert, so müssen wir auch wieder den APQP-Prozess teilweise neu ausrollen.

Beispiel:

Ein Beispiel für eine Anpassung des APQP-Prozesses: Die Montage des Bauteils benötigt sehr viel mehr Zeit als geplant, da nicht berücksichtigt wurde, dass diese immer wieder durch Trocknungszeiten der Schraubenlackierungen unterbrochen wird. Dadurch gibt es sehr viele Bauteile gleichzeitig in der Montagehalle. Der Platz hierfür ist nicht vorhanden und daher wird beschlossen, die Montage innerhalb des eigenen Hauses auszulagern. Wie beeinflusst diese Änderung die Risiken? Richtig: Ein neuer Plan der Halle, ein neues FFC/D, eine neue Risikobewertung insgesamt, neue Arbeitsplatzunterlagen etc. Diese Dinge passieren und sind auch schon vor APQP passiert. Vor APQP kam es dabei allerdings meist zu einem riesigen Chaos. APQP bietet eine strukturiertere Vorgehensweise bei Änderungen, da Erkenntnisse dokumentiert und miteinander verknüpft werden. Das MFT entscheidet, welche Sachlage sich ändert beziehungsweise sich ändern könnte und kann also einfach auf Grundlage der Abhängigkeiten entscheiden, welche Elemente neu erarbeitet werden müssen.

Die Herangehensweise, sobald es eine Entscheidung zur Erneuerung des APQP-Projekts gibt, ist immer dieselbe. Es wird identifiziert, in welchem Element es Änderungen gibt und welche Elemente einen direkten und indirekten Input aus diesen betroffenen Änderungen haben. Bezüglich der Notwendigkeit einer neuen Erstmusterprüfung, bezieht der Prozess den Kunden (wie bereits üblich) mit in die Entscheidung ein.

Wenn jedoch vorher die Kapazitäten (nahezu) korrekt vorausgesagt wurden, reicht die Verifizierung der Annahmen einfach als Bericht/Tabelle etc. dokumentiert vollständig als Nachweis aus. Dieser Bericht beinhaltet zum Beispiel Verifizierungen der Rüstzeiten, Raumplanung und so weiter. Die Norm DIN EN 9145 schreibt vor, dass es entsprechend einen Kapazitätsnachweis geben muss.

Die Kapazitätsplanung sollte spätestens dann wieder betrachtet werden, wenn es Änderungen im Prozess gab oder eine Änderung der Begebenheiten vorliegt. Eine geringfügige Anpassung jedoch, wie beispielsweise ein um 10 Minuten geringerer Zeitbedarf, weil eine Prüfung von 100 % auf 50 % gewechselt wurde, muss noch nicht zwingend eine neue Kapazitätsplanung hervorrufen. Das kann man in zeitlichen Intervallen miteinbeziehen, wie üblich bei Revisionen interner Dokumente.

Empfehlung:

Bei Unsicherheit über die Notwendigkeit und Tiefe von Anpassungen sollte immer das MFT befragt werden, welches prüft, ob es Auswirkungen gibt, die ein Risiko hervorrufen oder erhöhen. In diesem Fall sollte die Situation auch neu bewertet werden, um einen Adressaten zu finden, der sich kümmert. Sollte das MFT zu der Aussage gelangen, dass die Änderung bezüglich APQP keinen Einfluss hat, so bleiben die internen Prozesse zu berücksichtigen, welche eventuell doch Änderungen verlangen. Zum Beispiel eine neue Erstmusterprüfung bei Standortwechsel. Natürlich gibt es viele Situationen, die aus anderen Gründen, nicht APQP gesteuerten Änderungen erfahren müssen. Diese sind normalerweise im Änderungsmanagementprozess beschrieben.

9.3.6 Produkttest *(Product Validation Results)*

Dieses Element fordert, dass das Erstmuster, wenn nötig, getestet wird, um die Funktionalität sicherzustellen. Dieses Element hat nur für einzelne Bauteile Gültigkeit. Es gibt hier kaum APQP-spezifische Anforderungen, außer der Pflicht zur Dokumentation und Behebung von Abweichungen. Sollte das Unternehmen Funktionstests an Bauteilen durchführen, so folgt dieses weiterhin den Anforderungen des Kunden beziehungsweise der Entwicklungsorganisation oder der Behördenforderung. Anforderungen hierzu sind komplex und unterschiedlich, je nachdem, ob es ein *Design Organisation Approval* gibt oder eine Vereinbarung zwischen *Design-Organisation-Approval*-Halter und durchführendem Entwickler (*Signatory Delegation*).

9.3.7 Erstmusterprüfung *(First Article Inspection)*

Zunächst ein kurzer persönlicher Exkurs für ein gemeinsames Verständnis der Erstmusterprüfung:

Exkurs:

Ich erinnere mich an Zeiten, in denen jeder Lieferant die Erstmusterprüfung individuell durchgeführt hat. Jeder hatte verschieden Formblätter und Prozessbeschreibungen. Dann kam die Forderung der Behörden, den Erstmusterprüfprozess vom Kunden sichten und bewerten zu lassen. Dies sollte sicherstellen, dass Mindestanforderungen, wie zum Beispiel das vollständige Messen aller Maße, erfüllt sind. Danach entstand eine Richtlinie, die dann in der DIN EN 9102 resultierte. Heute ist diese der Standard, an dem sich alle orientieren. Mit APQP, und vor allem mit PPAP, hat die IAQG nun noch einen Rahmen geschaffen. Heute muss PPAP, und somit die FAI als Teil der PPAPs, vom Kunden akzeptiert werden. Der Kunde übernimmt damit erstmals schriftlich einen Teil der Verantwortung. Es wird sichergestellt, dass die Organisation, die das Bauteil produziert hat, und auch der Kunde bestätigen, dass es keine Abweichungen gibt.

Nun aber zur Erstmusterprüfung als solches: Da es hierfür schon den Standard DIN EN 9102 gibt, verlangt APQP tatsächlich nur, dass es einen Erstmusterprüfbericht als Nachweis gibt, der die Anforderungen des Kunden erfüllt und dass dieser sich in PPAP wiederfindet. Es muss jedoch beachtet werden, dass die Menge der Erstmuster die Fähigkeit widerspiegelt, die Serienfertigungsmenge produzieren zu können.

Empfehlung:

Die FAI sowie deren Anforderungen sind, wie oben beschrieben, mittlerweile gut definiert und sowohl einheitlich als auch verständlich. Gibt es also eine Kundenabnahme im Haus, ist es immer schön, alle Nachweise und andere Dokumente fertig und bereit zur Sichtung zu haben. Eine geordnete FAI, ohne den Papieren hinterherlaufen zu müssen, hinterlässt immer einen guten Eindruck. Die FAI-Inspektoren erzählen auch im eigenen Haus von der Vorbereitung und Qualität, und ob es eventuell Chaos gab. Die FAI sowie die Qualität der Dokumente, Reaktionszeiten, Kommunikation, Ansprechpartner etc. haben eine hohe Aussagekraft über die Fähigkeiten Ihres Unternehmens in Zukunft mehr Verantwortung zu übernehmen, denn FAI-Inspektoren und Einkäufer kennen einander oft.

9.3.8 Produktionsteil-Freigabeverfahren (PPAP – *Production Part Approval Process)*

Der größte Baustein und gleichzeitig die größte Neuerung sowie Teil der Überschrift der Norm und ein eigenes Hauptkapitel (Kapitel 5) im Standard DIN EN 9145 ist PPAP.

Stellen wir uns einmal eine Kiste vor mit der Aufschrift PPAP. Der Inhalt der Kiste: Entwicklungsunterlagen, PFC, Nachweise über Risikoanalysen, Kontrollplan, Erstmusterprüfbericht, Prozessuntersuchungen, MSA, Genehmigungen für Verpackungen und Etikettierungen sowie kundenspezifische Nachweise. Mehr ist PPAP nicht. PPAP ist eine Sammlung verschiedener Nachweise, die während der Phasen 1 bis 4 sowieso generiert wurden. Das der Norm DIN EN 9145 angehängte PPAP-Formblatt ist auf eine A4-Seite beschränkt. Es ist eine geordnete Übergabe von Dokumenten, die dem Kunden zeigt, dass das Unternehmen APQP-Forderungen gefolgt ist und **dass das Unternehmen diese Forderungen auch verstanden hat.**

Bild 15 zeigt ein ziviles Beispiel aus dem Matheunterricht.

Folgende Matheaufgabe ist zu lösen: $x + 2 = 7 - 2$

a) Lösungsweg 1:

$x + 2 = 7 - 2$

$x = 3$

→ Sie erhalten nur die Hälfte der Punktzahl. Wieso? Das Ergebnis ist zwar richtig, Sie konnten jedoch nicht nachweisen, dass die Aufgabe vollständig verstanden wurde und vielleicht war das Ergebnis reiner Zufall.

b) Lösungsweg 2:

$x + 2 = 7 - 2 \quad | -2$

$x = 7 - 2 - 2$

$x = 7 - 4$

$x = 3$

→ Der Lösungsweg erhält die volle Punktzahl. Der Schüler konnte nachweisen, dass er den Prozess unabhängig von den Werten verstanden hat.

Bild 15: Unterschied zwischen „Wissen" und „Verstehen"

PPAP ist ein Element der Phase 4, beinhaltet jedoch verschiedene Element aus vorhergehenden Phasen als Sammlung. Die Norm gibt über die benötigten Elemente Auskunft – es sind hauptsächlich Meilensteine und Nachweise zur Risikobetrachtung wie die PFMEA. Die IAQG, die hauptsächlich aus Kunden besteht, hat sich eine Hintertür mit der zusätzlichen Forderung „Kundenspezifische PPAP-Anforderungen" offen gehalten. Mit diesem Joker kann der Kunde zusätzliche Unterlagen verlangen, was in vielen Fällen sinnvoll ist, wenn einzelne Nachweise für das Gesamtbild fehlen. So kann zum Beispiel ein Teppichlieferant aufgefordert werden, einen Nicht-Brennbarkeitsnachweis mitzuliefern. Nur damit kann auch der Kunde bestätigen, dass die Forderungen eingehalten wurden. Es gibt Kunden, die verlangen zusätzlich einen *run-at-rate*-Nachweis, meist bei Massenproduktionen. Hier muss der Lieferant nachweisen, dass die Maschinen zum Beispiel 24 Stunden lang unter der später vorgesehenen Vollauslastung produziert haben. Unabhängig von der Art des geforderten Nachweises, sollte dieser möglichst früh im Prozess, idealerweise bei Vertragsabschluss, bekannt sein. So können Überraschungen und nicht kalkulierte Kosten vermieden werden. Das PPAP-Formblatt zeigt, dass das eigene Unternehmen eventuell nicht für jedes PPAP-Element verantwortlich ist.

Folgende Situation ist vorstellbar: Ein Produktionsunternehmen ist für die Produktion zuständig und erhält die Entwicklungsunterlagen von einem dritten Lieferanten, der vom Kunden beauftragt wurde. Daher bekommt der Kunde die für ihn relevanten Entwicklungsunterlagen bezüglich PPAP nicht vom Produktionsunternehmen, sondern vom Drittlieferanten (Lieferanten unseres Kunden), da das Produktionsunternehmen für deren Versendung zusätzliche Genehmigungen (*Intellectual Property*) benötigen würde. So erhält der Kunde die Nachweise direkt von den zuständigen Stellen. Das spart Zeit und es vereinfacht den Prozess, sollte aber vorher so vereinbart werden. Das Schöne an APQP ist, dass die IAQG wirklich mitgedacht hat und es ermöglicht Dinge einfach zu gestalten.

Empfehlung:

Am besten nutzt man schon die Vertragsgestaltung, um abzusprechen (schriftlich, man kann hierfür ein abgeändertes PPAP-Formblatt als Vertragsanhang verwenden), welche Standard-PPAP-Elemente der Kunde später in Phase 4 abfordern wird und welche zusätzlichen kundenspezifischen Nachweise zu erbringen sind. So können wir auch das Zertifikat des Brennbarkeitstests miteinpreisen.

Empfehlung:

Es könnte gegen interne Richtlinien verstoßen, das gesamte *Know-how* offenzulegen und daher sollte überlegt werden, ob wirklich alle identifizierten Risiken kommuniziert werden sollen. Eventuell kann vereinbart werden, dem Kunden nur identifizierte Risiken mit einer RPN (*Risk Priorty Number*) von über 200 oder 250 und deren Abstellaktionen zuzusenden. Er könne gerne beim nächsten Besuch auch die anderen Risiken sichten. So eine Vorgehensweise trifft meist auf Verständnis. Auch die großen OEMs geben nicht jegliche Schwierigkeiten der Vergangenheit dem Kunden preis. Es kommt natürlich immer auf das Verhältnis zum Kunden an und die Abhängigkeiten, in denen man sich befindet.

Für einen reibungslosen PPAP-Prozess ist es entscheidend, dass PPAP-Elemente nicht erst in Phase 4 auf ihre Qualität überprüft werden. Welche Dokumente und Nachweise PPAP beinhalten wird, ist idealerweise bereits früh bekannt. Diese sollten schon bei der Erstellung so gestaltet werden, dass diese gut in das Kundenpaket PPAP passen. Das heißt, die Nachweise der Elemente müssen so verständlich sein, dass sie vom Kunden einfach beurteilt werden können. Banale Dinge, wie eine verständliche Formatierung, Sprache und gängige Dateiformate erleichtern dem Kunden diese Identifizierung. Eventuell kann mit dem Kunden vereinbart werden, dass einige PPAP-Elemente und deren Nachweise schon vor dem eigentlichen Senden des PPAPs vom Kunden gesichtet und vorgeprüft werden. Das verhindert Verzögerungen im Falle potenzieller Beanstandungen. Je früher die Nachweise kommuniziert werden, umso geringer das Risiko einer Verzögerung insgesamt. In Phase 4 findet jedoch die Finalisierung der PPAPs statt. Hier hat der Kunde nach Erhalt der Dokumente mehrere Antwortmöglichkeiten. Das PPAP erhält einen der folgenden Status:

a) Genehmigt: Alle Dokumente sind zufriedenstellend. Die Organisation darf die Produkte liefern (Lieferfreigabe).

b) Vorläufige Genehmigung; Lieferungen unter Einschränkungen, zum Beispiel die ersten 100 Stück. Dies ist ein normaler Vorgang und dazu kann es kommen, wenn beispielsweise aufgrund geringer Produktionszahlen noch nicht alle Daten aus der Analyse oder einer statistischen Berechnung vorhanden sind. Hier kann der Kunde durchaus eine erste Lieferung zulassen, aber zum Beispiel spätestens nach Produktion von 50 Bauteilen fordern, Daten bezüglich der Prozessstabilität dem PPAP beizufügen.

c) Abgelehnt: Hier kommt es dann zu weiterer Kommunikation bezüglich der Begründung. Es kann sein, dass wichtige Elemente fehlen, zum Beispiel der Nachweis zum PFMEA.

Die Gründe zur Wiedervorlage von PPAPs ähneln der Begründung zur Wiederholung einer FAI. Hier wird nach Absprache mit dem Kunden darüber entschieden, welche Elemente erneut einzureichen sind, zum Beispiel nach einer internen Verlagerung. Im Allgemeinen gilt: Je größer die Änderungen und Unsicherheiten, umso wahrscheinlicher die Forderung nach einem neuen PPAP insgesamt.

Sag's noch einmal, Dirk:

Die Phase 4 liefert uns Beweise für die richtige Vorbereitung, durchgeführt in Phase 1,2 und 3. Die erfolgreiche Umsetzung der Phase 4 erlaubt uns nun den Einsatz von weiterem Geld (Einkaufsteile, Rohmaterial, Arbeitszeit). Des Weiteren können wir nun den Kunden beliefern und davon ausgehen, dass wir unsere Reputation nicht gefährden oder gar ein Risiko für die Lufttüchtigkeit eines Flugzeuges darstellen.

10 Phase 5: Laufende Produktion, Gebrauch und Dienstleistung nach der Lieferung *(On-going Production, Use, and Post-delivery Service)*

10.1 Einleitung

In Phase 5 befinden wir uns im letzten Teil von APQP und fangen erst jetzt mit der Serienfertigung an. Wie anfangs gesagt, soll großer Aufwand vorverlagert werden, durch präventives und proaktives Handeln. Wenn die Phasen 1 bis 4 erfolgreich und gewissenhaft durchgeführt wurden, ist es nun an der Zeit, Teile nach Vorschriften zu produzieren. Diese Vorschriften sollen dafür sorgen, dass wenig Ausschuss generiert wird, klare Anweisungen für die Mitarbeiter verfügbar sind und nicht plötzlich ein unbekanntes größeres Risiko auftaucht. Da die Entwicklung in Phase 2 die Produktion miteinbezogen hat und Schwankungen im Prozess gering gehalten wurden, gelingt es dem Mechaniker, den Bolzen mit Mutter und Splint in Rekordzeit zu montieren.

APQP stellt allerdings auch für die Phase 5 einige Aufgaben. Da aber in den vorherigen Phasen detailliert gearbeitet wurde, sind dies hauptsächlich Aufgaben zur stetigen Verbesserung. Zumeist werden Rückmeldungen genutzt, die auszuwerten sind und in die stetige Verbesserung fließen. Die Sammlung von Erkenntnissen für *Lessons Learned* dient als Kapitalanlage für spätere Projekte.

10.2 Fallbeispiel

Eine neue Generation von Kurz- und Mittelstreckenflugzeugen benötigt einen neuen Antrieb, welcher 8–10 % Treibstoffeinsparungen generiert. Der derzeitige Motor der Triebwerksfirma in dieser Leistungsklasse „Streamjet-200“ befindet sich seit 10 Jahren in Produktion und in Betrieb.

Der Konkurrent hat zurzeit keinen Motor im Angebot, aber bereits kommuniziert, einen Motor der benötigten Leistungsklasse entwickeln zu wollen. Entwicklungskosten und Zulassungskosten: 750 Millionen USD

Das Unternehmen Streamjet USA hat während der letzten 10 Jahre Serienfertigung (Phase 5) das Produkt sowie die Prozesse stetig verbessert, dank der Daten von Airlines und der Produktion, die der Entwicklungsabteilung verfügbar gemacht wurden. Die KCs sind der Produktion seit langem bekannt. Andere Inspektionen konnten auf dem Kontrollplan minimiert werden. Auch Testläufe sind nur noch auf Änderungen beschränkt. Die Zulieferkette ist weitestgehend zuverlässig und pünktlich. *Lessons Learned* wurden und werden immer noch eingearbeitet. Schwankungen in den Herstellungsprozessen wurden minimiert. Schwierigkeiten in der Produktion und in der Instandhaltung sind abgestellt worden. Streamjet USA bietet für das aktuelle Triebwerk eine Lieferzeit von 2 Monaten an. Leider hat das Produkt ein Nebenstromverhältnis von 8:1. Die Konkurrenz bietet bereits 10:1 für das zukünftige Triebwerk.

Streamjet USA hat es in den letzten 10 Jahren geschafft, das Produkt und die Prozesse derartig zu verbessern, dass es sich um ein Ergebnis handelt, welches nicht weit entfernt ist von einer Neuentwicklung und welches (besonders wichtig für Airlines) Nachhaltigkeit und Zuverlässigkeit bewiesen hat. APQP hilft also auch dabei, länger mit einem Produkt konkurrenzfähig zu bleiben und, durch Einsatz in vorlaufende Verbesserung, Entwicklungskosten zu minimieren.

Die Phase 5 ist also dazu da, alle Vorteile aus den Prozessen und Produkten herauszukitzeln. Nur, weil ein Produkt etwas älter ist, heißt es nicht, dass es schlechter ist als ein neues, vom Preis für die Neuentwicklung ganz abgesehen. Effizienzsteigerungen und stetige Verbesserungen sind der richtige Weg zur Nachhaltigkeit für einen begrenzten Zeitraum. Irgendwann kommen neue Materialien und Anforderungen, die eines neuen Produktes bedürfen. Bis dahin jedoch nutzen wir die Phase 5 und dessen Elemente, um Nachhaltigkeit zu garantieren.

10.3 Elemente der Phase 5: Übersicht

Die Elemente der Phase 5 dienen dazu

- Schwankungen im Prozess zu mindern,
- Prozesse und das Produkt stetig zu verbessern,
- gesetzte Ziele zu erreichen,
- Erfahrungen zu verwerten und
- Produkte zu generieren, die den Kunden dauerhaft zufriedenstellen.

10.3.1 Leistungsüberwachung *(Measuring Performance)*

Es geht bei der Überwachung um jegliche Ziele, die in der Phase 1 vereinbart wurden. So zum Beispiel auch, die Einhaltung der Kosten als Projektziel. Wurde mit dem Projekt die von der Geschäftsführung vorgegeben Marge erzielt?

APQP, so haben wir anfangs bereits gelernt, kümmert sich nicht direkt um finanzielle Aspekte. Bei einem Nichterreichen der Marge, kann es jedoch Auswirkungen auf die Qualität geben, falls Aktionen hieraus zum Beispiel zu Änderungen in der Lieferkette, zu neuen Arbeitsweisen, zu Auslagerungen oder zur Einstellung des Programms führen. Die Frage nach der Einhaltung der Produktziele ist eine Aufgabe, welche die Entwicklungsabteilung beschäftigt und sie geht hervor aus der Forderung, das Produkt stetig zu verbessern. Hat die Pumpe auch nach zwei Jahren noch die Leistung, die dem Kunden versprochen wurde? Schon die Norm EN 9100 gibt vor, dass bei Abweichungen Maßnahmen ergriffen werden müssen. Wie diese Aktionen dann aussehen, ist sehr unterschiedlich, so ist es unwahrscheinlich, dass die Pumpe bei geringen Abweichungen dann durch eine neue Version ausgetauscht wird. Die Optionen sind offen, daher heißt es in der Norm auch nicht „Abstellmaßnahmen“, sondern „Maßnahmen“. Es kann zum Beispiel zu einer Modifizierung ab einer gewissen Seriennummer führen oder zu einer Begrenzung der Einsatzstunden. Ist nicht das Geld verdient worden, wie in den Zielen angedacht, so ist es schwierig, hierfür eine Maßnahme zu entwickeln. Möglich wäre eine Preiserhöhung. Doch eine Maßnahme gibt es immer: Daraus lernen!

Folgende Vorgehensweise hat sich bewährt:

Die Ziele werden in messbare und in zu bewertende Ziele aufgeteilt, sowie in Produktziele und Projektziele. Messbare Produktziele und Projektziele sind harte Ziele: Die Pumpe erreicht eine gewisse Leistung oder nicht. Eine Marge von 18 % wurde erreicht oder nicht. Beides ist relativ einfach zu messen.

Ein gängiges Ziel wie Kundenzufriedenheit lässt sich durch Umfragen oder Gespräche nur schwierig mit sicheren Zahlen messen. Hier ist ein Wert nur wenig aussagekräftig. Vielmehr geht es um die Trends. Daher sollten wir hier bewerten: Werden wir besser oder schlechter, und wieso? Das liegt daran, dass wir immer ein Mitbewerber sind und Vergleichswerte gar nicht kennen. Zum Zweiten befinden wir uns immer in einer sich ständig ändernden Relation zu anderen Anbietern. Steigt ein Mitbewerber in der Lieferantenbewertung des Kunden einen Platz nach oben, rutscht automatisch ein anderer nach unten. Geld oder Profit ist wiederum einfach messbar. Hier wird sich aber kein Vorgesetzter beschweren, wenn nur 97 % des Profitziels erreicht wurden. Wenn eine Pumpe aber nur 97 % Leistung bringt und dadurch die Landeklappen sich nicht bewegen lassen, haben wir eine kritische Einheit und einen Vertragsbestandteil verpasst, was dazu führt, dass wir das Produkt nicht verkaufen und eventuell Strafzahlungen tätigen müssen. Ein internes Bewertungssystem, welches auch dem Management vorgelegt werden kann, ist sinnvoll. Das Wichtige, was es dabei zu bedenken gibt: Alle Ziele müssen messbar oder bewertbar sein. Ziele müssen unter gegebenen erreichbar Voraussetzungen sein. Ansonsten haben wir früher oder später ein Problem mit dem Nachweisen der Einhaltung.

10.3.2 Aktionen zur stetigen Verbesserung *(Continuous Improvement Actions)*

Dies ist eine Forderung, die schon aus dem Standard EN 9100 stammt und deren Einhaltung auch strengstens von Kunden beobachtet wird. Schließlich ist es so, dass auch der Kunde des eigenen Kunden diese Forderung hat und einen Teil durch die Lieferkette abdecken kann. Wenn Sie eine verbesserte Pumpe entwickeln, kann der Kunde das oft eins zu eins an seinen Kunden als Verbesserung weitergeben.

Eigentlich ist diese Aktion eine selbstverständliche Forderung. Die Branche und die Unternehmen wollen sich stetig weiterentwickeln, die CO2-Werte verringern, einen noch gemütlicheren Flugzeugsitz entwickeln und – immer wichtig in der Luftfahrt – Gewicht sparen.

Nun geht die EN 9100 weiter als die DIN EN 9145, da die EN 9100 das gesamte *Quality-Management*-System abdeckt. Wir sind von APQP aufgefordert, die Elemente für Verbesserungen in Betracht zu ziehen, die wir auch mit APQP abdecken, hier in Phase 5 bei der Serienfertigung.

Hinweis:

Immer wieder verwechseln Firmen *Continual Improvement* mit Abstellmaßnahmen. Wenn das Ziel ist, maximal 2 % Ausschuss zu generieren, und es werden 3 % generiert, so sind alle Maßnahmen, um auf 2 % zu kommen, Abstellmaßnahmen. Wenn ein Produkt, welches bereits unsere und alle anderen Vorgaben erfüllt, weiter verbessert werden soll, so ist das *Continual Improvmenet*. Als Beispiel wieder eine entwickelte Hydraulikpumpe, mit der Vorgabe von maximal 12 Kilo Gewicht: Schafft das Unternehmen es, das Gewicht auf 11 Kilo zu verringern, so ist es eine Verbesserung, wenn trotzdem alle anderen Forderungen gleichermaßen erfüllt werden. *Continual-Improvement*-Maßnahmen sollten dort angesetzt werden, wo man glaubt, den größten *Benefit* erzielen zu können. Reduzierung von Schwankungen, obwohl in der Toleranz, ist oft ein guter Anfang. Oder die Reduzierung von Lieferzeiten ist auch immer ein vom Kunden gerne gesehener Ansatz. Bezüglich APQP können wir zum Beispiel das in Phase 3 entworfene Spaghetti-Diagramm einem *Lean*-Ansatz unterziehen, sodass wir in Phase 5 schneller werden. Wichtig ist, dass die verantwortliche Abteilung von den Maßnahmen überzeugt ist und sich nicht vom Kunden zu etwas zwingen lässt. Die jeweilige Abteilung kann die Sinnhaftigkeit von Ansätzen am besten beurteilen, da sie das Geschäft am besten kennt. Trotzdem ist eine Forderung in APQP, dass die Kundenzufriedenheit stets zu erhalten beziehungsweise zu erhöhen ist.

Sofort wahrnehmbare Maßnahmen, wie zum Beispiel verkürzte Reaktionszeiten, sind oft gute Aktionen.

10.3.3 Aufnahme der *Lessons Learned*

Während der Serienfertigung und sobald die Produktion wie erwartet läuft, ist es wichtig, erneut im MFT zusammenzukommen und die positiven sowie negativen Erlebnisse und Erfahrungen während des Prozesses, die sich teilweise bisher nur in unseren Köpfen befinden, einmal in die *Lessons-Learned*-Datenbank einzugeben. Dies hilft, Wiederholungsfehler in Zukunft zu vermeiden und auch Potenziale frühzeitig im nächsten Projekt miteinzubeziehen. Das Sprichwort besagt, dass man am Ende immer schlauer ist. Da das Ende eines Projektes oft der Anfang eines anderen ist, soll das Wissen transferiert werden und das neue Projekt mit einem Vorsprung gestartet werden.

Empfehlung:

Das A und O einer *Lessons-Learned*-Datenbank ist die Anwenderfreundlichkeit. Nur dann wird diese auch genutzt. Man sollte also mindestens nach „Produkt“, „Prozess“ und „Kunden“ suchen können.

Empfehlung:

Bei aufwendigen Projekten ist es ratsam, das Niederschreiben der *Lessons Learned* jeweils nach Beendigung einer Phase durchzuführen. Projekte können schon einmal mehrere Monate oder gar Jahre dauern, bis diese dann stabil in der Serienfertigung sind. Viel Wissen kann in dieser Zeit verloren gehen und Evaluierungen können sich zu Unrecht ändern. Man erinnert sich immer zuerst an das, was noch nicht so lange her ist. Ein großes Problem von vor 6 Monaten ist heute ein kleines Problem, weil es mit viel Aufwand gelöst wurde. Lassen wir die Kollegen bei einem Folgeprojekt nicht wieder diesen großen Aufwand betreiben müssen.

11 Zusammenfassung der Forderungen

Auf den letzten Seiten haben wir alle Forderungen für eine APQP-Durchführung kennengelernt. Wie anfangs bereits gesagt: Es gibt nur einige tatsächlich *neue* Dinge, die nicht schon vorher Bestandteil des Tagesgeschäfts waren. Einige Forderungen bekommen jetzt durch APQP jedoch mehr Aufmerksamkeit. Der Standard DIN EN 9145 und Ihr Wissen aus diesem Buch, sowie das interne Wissen der Kollegen sind nötig um APQP einzuführen und umzusetzen. APQP fordert nichts, was man nicht einfach lernen und umsetzen kann. APQP wird vor allem durch die Verknüpfung all dieser Elemente komplex. Auf die Identifizierung von Vorgängern und Nachfolgern sowie die Festlegung der Kommunikationswege gehen bis zu 50 % des Aufwands der Einführung von APQP.

12 Vorgehensweise zur Einführung von APQP in das Unternehmen

Es gibt mehrere Wege APQP einzuführen. Doch eine nachhaltige und ehrliche Einführung, die nicht nur auf das Zufriedenstellen des Auditors, sondern auf eine wirkliche Verbesserung zielt, ist die sinnvollste Variante. Nur so kann die Organisation auch tatsächlich Geld und Zeit sparen. APQP erlaubt genug Freiheiten, den Aufwand an das Ergebnis anzupassen. Die folgenden Ratschläge sind Erfahrungswerte und können natürlich etwas anders ausfallen in verschiedenen Unternehmen, je nach Größe und Produktpalette.

12.1 Das APQP-Team

Es gibt von der IAQG die Erwartung, einen APQP-Leader für das oder die Projekte zu benennen. Der APQP-Leader hat die Aufgabe, den Projektleiter bezüglich der neuen APQP-Anforderungen zu unterstützen. Da es viele Neuerungen sind, ist diese Rolle auch dringend notwendig, schließlich muss sich der Projektleiter weiterhin auch auf die bisherigen Aufgaben konzentrieren. Teilweise werden diese Aufgaben von APQP abgedeckt, teilweise nicht. Sobald die neuen Standardprozesse von APQP zur üblichen Arbeitsweise geworden sind (ca. 1–3 Jahre), sollte die Rolle des APQP-Leiters überflüssig werden, beziehungsweise dieser nur noch eine Überwachungsfunktion haben. Der APQP-Leader sollte tiefste Erfahrung in den Prozessen des Unternehmens mitbringen. Er sollte Schlüsselpersonen kennen und vor einer Kommunikation bzw. Eskalierung von Schwierigkeiten an das obere Management nicht zurückschrecken. Weiterhin sollte der APQP-Leiter auf den Standard EN 9145 und mitgeltende Standards sowie auf APQP-Elemente, wie zum Beispiel SPC und MSA, geschult werden. Sollte man ein ganzes Team von APQP-Leitern aufbauen, so sollte dieses Team eine Führung bekommen, die den Weg frei macht und gerade in der Anfangsphase auch Überzeugungsarbeit leisten kann. Das Team wird es anfangs schwer haben, jeden von der neuen Vorgehensweise zu überzeugen und sich gegen eingefahrene Verhaltensmuster durchzusetzen. Der APQP-Team-Manager und auch der einzelnen APQP-Leiter sollte mit ausreichend Befugnissen ausgestattet werden. Eine Möglichkeit, dieses zu untermauern ist, einen APQP-Vertreter im *Management Review Meeting* präsent zu haben.

12.2 Das MFT und die Schwierigkeit mit der Teilnahme der Vertreter

Wie wir bereits gelernt haben, lebt APQP vom MFT. Anfang werden alle Eingeladenen gerne und pünktlich erscheinen und dieser Wille wird dann irgendwann nachlassen. Das ist normal und menschlich. Wichtig ist es, zu vermitteln, dass APQP Nachhaltigkeit bedarf. Wenn der APQP-Leader jemanden aus der Produktion einlädt, dann tut er das, weil der Input aus der Produktion notwendig ist. Fehlt der Kollege aus der Produktion, so ist das für APQP genauso, als würde an unserem Bauteil eine Schraube fehlen. Genauso ist es andersherum: Laden wir einen Kollegen ein, der keinen Mehrwert mitbringt und sich im MFT langweilt, so wird er das nächste Mal nicht mehr erscheinen. Manchmal reicht es auch, per Telefon eine Frage zu stellen. Wir vermeiden damit, dass die Kollegen ihre Anwesenheit als überflüssig einschätzen und das nächste Mal, wenn sie den Kollegen wirklich brauchen, lieber absagen. Ich möchte damit sagen, dass, wenn noch nicht im Unternehmen vorhanden, das Verantwortungsbewusstsein stark ausgeprägt sein muss. Es darf ein Nichtantworten auf eine Einladung nicht mehr geben. Wenn es eine Absage gibt, werden Vertreter benannt und geschickt, die den in der Einladung spezifizierten erwarteten Input geben können. APQP wird nicht funktionieren, wenn das nicht klar ist. Auch dieses soll Teil der APQP-Schulungen sein: „Wie lade ich ein?“. Vertreterregelungen sollten in jedem Unternehmen klar sein.

Welches Level wollen wir im MFT haben? Im MFT geht es hauptsächlich darum, Fragen zu klären und Risiken zu identifizieren. Daher kann das MFT nicht stur aus immer den gleichen Personen oder Positionen bestehen. Alle Teilnehmer sollten Kenntnisse über das Projekt besitzen. Ein Mitarbeiter von der Werkbank kann aber nicht über die Kapazität in seiner Abteilung Auskunft geben oder gar den Projektplan vonseiten Produktion freigeben. Andersherum kann ihnen der Abteilungsleiter der Produktion nicht die Risiken aufzeigen, die es beim Montieren der Hydraulikleitung an das Gehäuse gibt. Daher müssen wir Menschen finden, die Verantwortung übernehmen können und wollen und Tacheles reden können. Mitarbeiter aus der Produktion oder vom Zeichentisch, die daran Spaß haben, beim Kaffee einmal über ihre alltägliche Arbeit zu reden, während der Projektleiter und der APQP-Leader gemeinsam mit dem Kollegen anhand der PFC/D durch den Prozess gehen.

Noch etwas Wichtiges zum Thema MFT. MF**T** heißt nicht TEAM. Also nicht: Toll Ein Anderer Macht’s. Das MFT diskutiert Sachverhalte, tauscht Informationen aus, hinterfragt und beschließt Dinge. Wenn das MFT beschließt, dass eine MSA gemacht werden soll, so ist nicht das MFT dafür verantwortlich, sondern die benannte Person, die die Zuständigkeit für die MSA-Durchführung hat. Auch solche Arbeitsweisen zu vermitteln ist Aufgabe einer APQP-Schulung.

12.3 Die Kommunikation der Umstellung der Arbeitsweise auf APQP

Alles hat einen Anfang, auch APQP, und dies möchte intern und extern kommuniziert werden. Der Kunde sollte über das Projekt zur Einführung informiert werden. Die Lieferanten sollten informiert werden und ermutigt werden, Gleiches zu tun. Die Information innerhalb des Unternehmens ist von entscheidender Wichtigkeit. Diese Kommunikation kann durch die offiziellen und schon bekannten Wege von oben herab geschehen, zum Beispiel durch den Aushang eines Schreibens, unterschrieben vom Geschäftsführer und vom Qualitätsleiter, welches vermittelt, dass das Unternehmen zukünftig nach APQP arbeitet. Dazu drei bis vier Sätze dazu, um was es geht und wer die verantwortlichen Personen sein werden. Machen wir die Mitarbeiter neugierig darauf, indem wir schreiben, dass sie demnächst zu einer Schulung eingeladen werden. Die dauerhafte Sichtbarkeit von APQP im Unternehmen kann durch die üblichen Medien (Pinnwand, Aushänge, Informationsrunden, Morgenmeeting, Firmenzeitung) gewährleistet werden.

12.4 Mitarbeiterschulungen bezüglich APQP

APQP bedarf Schulungen und diese sollten (in Tiefe und Länge) danach ausgerichtet sein, wie dicht jemand am APQP-Prozess im Alltag ist. Hier eine kurze Tabelle dazu, die auf meinen Erfahrungen beruht.

Der Schulungsgebende sollte tiefste Erfahrungen und Kenntnisse mitbringen in den Themen:

- Durchführung von Schulungen
- APQP & PPAP / DIN EN 9145
- DIN EN 9100
- Übliche firmeninterne Prozesse, Firmenorganisation, Produkte, Industrialisierung, Luftrecht, *Human Factors*, EASA Part21j- bzw. Part21g-Forderungen, wenn DOA oder POA vorhanden, VOC (*Voice of Customer*)

APQP-Schulungs-Level / Tage	Teilnehmer	Beispiel	Maximale Gruppengröße
Level 1 / 0,5 Tage	Jegliche Mitarbeiter aus Produktion, Entwicklungsbüro, etc.	Montage, Zeichnungsbüro, Empfang, Rechnungswesen	15
Level 2 / 1 Tag	Alle Manager und Personen, die mit Elementen in Kontakt kommen und zum Beispiel Nachweise füllen.	Montagemitarbeiter mit Freigabe für Messungen, Mitarbeiter als Kommunikationspartner mit dem Engineering, erfahrenes Personal mit Teilverantwortung	12
Level 3 / 2 Tage	Alle Personen, die APQP definieren, auditieren und direkten Einfluss darauf nehmen	APQP-Leiter, Projektmanager, Direktoren, Geschäftsführung, Ersteller des Kontrollplans, Ersteller von Vorgaben anderer wichtiger Meilensteine, alle die in die Implementierung von APQP involviert sind, Verkauf und Einkauf	10

Bild 16: Tabelle zur richtigen Schulungstiefe für Mitarbeiter

Empfehlung:

Ein ehrliches Wort: Lassen Sie die Finger weg von E-Learning zu diesem Thema. Als Auffrischung in Level 1 oder 2 kann es nützlich sein. Ansonsten ist APQP zu komplex für E-Learning. Das Training kann erst extern und, nach einer gewissen Zeit, intern durchgeführt werden, eventuell mithilfe der APQP-Leiter.

12.5 Einführung in die Prozesslandschaft

Wir haben bereits zur Kenntnis genommen, dass viele der von APQP geforderten Prozesse schon im Managementsystem beschrieben sind. Hier sollte zunächst gefiltert werden, welche Themen bereits beschrieben sind und welche noch nicht. Sollten Elemente dauerhaft ausgeschlossen werden, so brauchen diese auch keine Prozessbeschreibung (Beispiel: Im Unternehmen werden keine Messungen vorgenommen, deshalb benötigt man auch keine Prozessbeschreibung zu MSA). Prozesse, die bereits eingeführt sind, zum Beispiel für Risikomanagement, müssen auf jeden Fall einer APQP-Revision unterzogen werden. Hierfür bietet sich eine Gap-Analyse an. Die Gap-Analyse ist ein Abgleich aus Soll und Ist. So ist es ratsam, die Prozesse mit Mindest-Inputs zu versehen, das heißt, wir schreiben in unsere Prozessbeschreibung, welche Informationen aus welchen anderen Elementen mindestens als Input Berücksichtigung finden müssen.

Beispiel:

Zur Erstellung des PFMEA benötigt es: Das PFD/C, Informationen zur Qualitätshistorie, vorherige PFMEAs von vergleichbaren Projekten, DFMEA, Kontrollplan und KCs. Benennen wir die Abhängigkeiten der einzelnen Elemente für Input, Output, Änderungsabhängigkeit und deren Quellen. Dieses tun wir am besten in einer gesonderten APQP-Prozessbeschreibung beziehungsweise Arbeitsanweisung (unteres oder mittleres Dokumentenlevel). In diesem Dokument wie auch in den einzelnen Prozessbeschreibungen benennen wir verantwortliche Parteien, keine Namen.

Die Prozesse sollten nicht von nur einer Person verfasst werden und dann gegenzeichnet werden. Ein MFT sollte daran arbeiten. Das Interne-Audit-Team muss involviert werden, um eine Missachtung anderer Forderungen, die zum Beispiel auf dem *Production Organisation Approval* beruhen, auszuschließen.

Im Top-Level-Dokument sollte erwähnt werden, dass das Qualitätsmanagementsystem nach APQP arbeitet. Hier kann man auf DIN EN 9145 verweisen. Es reicht, wenn man eine Revisionsänderung angeht, sobald die Änderung vollständig implementiert ist. Informiert werde sollte der EN 9100 *Certifying Body* über Ihr Vorhaben.

Falls externe Hilfe nötig ist, für die ersten Trainings oder zur Beratung betreffend der Implementierung von APQP, so sollte dieses zeitlich begrenzt sein. Damit wird sichergestellt, dass das Wissen von extern langsam auf intern übergeht, was für die Zukunft und die Nachhaltigkeit notwendig ist.

12.6 Nachhaltigkeit *(Sustainability)*

Sustainability: das Wort, welches alle Kunden gerne hören. Denn es heißt: langfristige Verträge und wenig Verwaltungsaufwand. Etwas einzuführen ist oft anstrengend, etwas zu erhalten manchmal noch anstrengender. Es soll also ein System aufgebaut werden, mit dem der Aufwand gering gehalten wird. Nutzen Sie *die Lights off Philosophie*: Automatisieren Sie Prozesse und lassen Sie sich nur anzeigen, was nicht funktioniert.

Unternehmen, die nach EN 9100 zertifiziert sind, unterziehen ihr Qualitätsmanagementsystem und dessen Prozesse einem stetig wiederkehrenden internen Audit. Noch besser ist es, wenn beachtet wird, dass neue oder geänderte Prozesse in kürzeren Intervallen diesem Check unterzogen werden. Am besten sollten sogar geänderte Prozesse noch stärker überwacht werden als neue. Etwas nach Jahren zu ändern, damit tun sich Menschen schwer. Etwas eben erst

Eingeführtes zu verbessern wird einfacher umgesetzt. Auf den Punkt: Auditiert werden sollte sowohl der neue APQP-Prozess, der neu in der Prozesslandschaft ist, als auch die geänderten Prozesse, und zwar in sämtlichen Bereichen. Als unterstützendes Tool sollte ein LPA (*Layered Process Audit*) verwendet werden, welches hilft, oberflächliche Fehler schnell abzustellen. Dieses kann sich sehr maßgeschneidert auf die Änderungen fokussieren, um sicherzustellen, dass diese erfolgreich sind. Des Weiteren informiert LPA schnell und auf unteren Ebenen nur, wenn etwas fehlerhaft gemacht wird. Abstellmaßnahmen sind meist unkompliziert, sodass nur kleine metaphorische Lämpchen angehen, falls etwas nicht stimmt, und ansonsten alles dunkel bleibt (*Lights off*). In Kapitel 12.7 stelle ich LPA kurz vor, falls es noch nicht bekannt sein sollte.

Wiederholungsschulungen, vor allem in Form eines Workshops oder Erfahrungsaustausches, können sinnvoll sein für diejenigen, die täglich mit dem Thema APQP oder PPAP zu tun haben. Für alle anderen Kollegen bietet sich an, ein Viertel eines Whiteboards mit APQP-Informationen, vielleicht im Zweiwochentakt wechselnd, zu versehen. Zum Beispiel bietet sich die Gelegenheit, bei einer Änderung des Testsheets kurz zu erläutern (etwa im Morgenmeeting), warum es sich geändert hat und warum nun andere Daten verwendet werden. So ist es Aufgabe der Teamleiter, kurz zu erläutern, dass durch APQP ein neuer Kontrollplan erstellt wurde. Wichtig ist es, das Thema APQP auch nach der Schulung mindestens so lange frisch zu halten, bis die neue Arbeits- und Denkweise als normale und einzige Arbeitsweise wahrgenommen wird.

12.7 Layered Process Audit (LPA)

LPA ist keine Forderung von APQP, es unterstützt aber sinnvoll. LPA wird von und in allen Abteilungen durchgeführt, innerhalb der eigenen oder fremden Abteilungen. Jeder von uns hat das Wort „betriebsblind" schon gehört. Genau diese Betriebsblindheit versucht LPA zu vermeiden. Bei LPA auditiert ein Kollege den anderen mit einfach gehaltenen Fragen. *Layered* bezeichnet die verschiedenen Schichten oder auch Ebenen, aus denen heraus das Audit, welches nicht länger als 15 bis 30 Minuten dauern sollte, durchgeführt wird. Die obere Ebene, die Geschäftsführung, kommt dabei nur selten zum Einsatz und macht zum Beispiel einmal monatlich eine Begehung zum Thema Sicherheit durch alle Abteilungen. Das mittlere Management ist indes schon zweimal wöchentlich unterwegs und die Montage vielleicht täglich. Dabei werden jeweils 10 oder 15 kurze geschlossene Fragen aus einem Fragenpool beantwortet. Ist der Arbeitsplatz sauber? Sind die Werkzeuge dort, wo sie hingehören und nur solche auf der Werkbank, die für den Arbeitsschritt benötigt werden? Weiß der Kollege, wo der nächste Notausgang ist? Hat er ein Training bezüglich der Änderungen des Testsheets erhalten und bestanden? Kurz und knackig. Bei Abweichungen werden Lösungen zu 95 % sofort oder sehr zeitnah umgesetzt. Hat der Kollege keine Schulung erhalten, werden sofort Maßnahmen eingeleitet, der Kollege angemeldet und bis dahin von einem geschulten Kollegen unterstützt. Die Bürokratie soll trotz der Dokumentation so gering wie möglich gehalten werden. Das Ganze kann man sehr leicht mit iPads oder Smartphones umsetzen. Die hierfür zugelassenen Kollegen sollten einen kurzen Auditkurs bekommen, eventuell durchgeführt durch die internen Auditoren. LPA kann in Zukunft auch Arbeit aus den bisherigen internen Audits abnehmen, die sich dann mehr auf tief gehende Fragen und wirkliche Ursachen konzentrieren können. Es ist also kein zusätzlicher Aufwand und viele Kunden erkennen LPA als Teil des internen Audit-Prozesses schon an. LPA unterstützt also sehr bei der Nachhaltigkeit von APQP und PPAP.

Empfehlung:

Der LPA-Prozess sollte zunächst strikt vom internen Audit-Prozess getrennt sein, ansonsten kann es hier für Behörden und Kunden schnell zur Verwechslung kommen, zum Beispiel schon bei dem Wort „Auditor“ oder „Audit“. Die interne Audit-Abteilung kann jedoch unterstützen, auch bei der Einführung.

12.8 Das Zusammenspiel mit Lean-Six-Sigma-Methoden

Reduzierung von Nacharbeit, eine schlanke Produktion, Ursachenanalysen und Six Sigma: Es ist schwierig, die über die letzten Jahrzehnte entstandenen Tools sortieren zu wollen. APQP greift alle Erkenntnisse aus den verschiedensten Tools auf und beschreibt teilweise eine Anleitung zur richtigen Umsetzung mit dem Ziel der Kundenzufriedenheit durch ein qualitativ hochwertiges Produkt, heute und in Zukunft. Es gibt vielleicht Dinge, die zusätzlich getan werden müssen und nicht in APQP erwähnt sind. Das bleibt die unternehmerische Entscheidung. Ein großer Teil der bekannten Tools aber findet unter dem Schirm APQP einen sinnvollen Platz.

12.9 Cost of Non-Quality (CoNQ and *Cost of Quality (CoQ)*)

Die Einführung von APQP ist ein Projekt, und auch wenn es durch den Kunden getrieben und dadurch alternativlos ist, sollte der Erfolg oder der Misserfolg der Einführung messbar sein. Da Aufwände im Produktlebenszyklus nach vorne verschoben werden und sich die Zahlen für Aufwände und Ersparnisse recht unübersichtlich verändern werden, sollte über ein CoNC- und/oder CoQ-Projekt der Aufwand der Einführung und Aufrechterhaltung von APQP sowie die Reduktion der Fehler und Fehlerkosten bewertet werden.

13 Resümee APQP und PPAP

APQP ist im Kern eine Prozessanweisung zum Erreichen von Produktqualität, nicht mehr und nicht weniger. APQP bedient sich dabei oft der bekannten und bewährten Methoden und setzt diese in rationale Abfolgen. APQP beschreibt die Wege der Kommunikation und vereinheitlicht Herangehensweisen. Ein bisschen erinnert APQP an die Vorgehensweise im Cockpit eines Flugzeuges: Einheitliche Prozesse, einheitliche Kommunikation, Reaktionspläne und immer eine definierte Antwort auf alles. Dinge, die unwichtig sind, werden von vorneherein ausgeschlossen und man konzentriert sich auf die Risiken.

PPAP bietet ein Plus an Kommunikation, unterstützt dabei APQP insgesamt und stellt sicher, dass Risiken, Missverständnisse und verschiedene Interpretationsweisen außen vor bleiben.

Nach 30 Jahren habe ich als Auditor viele Forderungen kommen und gehen sehen. Einige waren sinnvoll, andere nicht. APQP ist für mich genauso richtig und sinnvoll wie DIN EN 9100 und kommt zur richtigen Zeit. APQP spiegelt die Arbeitsweise wider, die wir in diesem und in dem kommenden Jahrzehnt brauchen: Offene Diskussionen mit klaren Verantwortlichkeiten und rationalen Entscheidungen.

Abkürzungsverzeichnis

APQP	Advanced Product Quality Planning
ASR	Airbus Supplier Requirements
BOM	Bill of Material
CI	Critical Items / Continual Improvement
Cpk	Process Capability Index
CoQ	Cost of Quality
CoNQ	Cost of Non-Quality
DFMA	Design for Manufacturing and Assembly
DFMEA	Design Failure Mode and Effects Analysis
DFMRO	Design for Maintenance Repair and Overhaul
DOA	Design Organisation Approval
FAI	First Article Inspection
FAIR	First Article Inspection Report
FMEA	Failure Mode and Effects Analysis
FOD	Foreign Object Debris
FTE	Full Time Engineer
GRAMS	General Requirements for Aerostructure and Material Suppliers
GRESS	General Requirements for Equipment and System Suppliers
IAQG	International Aerospace Quality Group
KC	Key Characteristics
KPI	Key Performance Indicator
LPA	Layered Process Audit
MOM	Meeting of Minutes
MRO	Maintenance, Repair and Overhaul
MSA	Measurement System Analysis
NADCAP	National Aerospace and Defense Contractors Accreditation Program
NDT	Nondestructive Testing
OEE	Overall Equipment Efficiency
OEM	Original Equipment Manufacturer
PBS	Product Breakdown Structure
PFC	Process Flow Chart
PFD	Process Flow Diagram
PFMEA	Prozess Fehlermöglichkeits- und Einflussanalyse
POA	Production Organisation Approval
PPP	Production Preparation Planning
PPAP	Production Part Approval Process
PRR	Production Readiness Review
REACH	Registration, Evaluation, Authorization and Restriction of Chemicals
RSP	Risk Priority Number
SPC	Statistical Planning Control
TPS	Toyota Production System
VOC	Voice of Customer
VSM	Value Stream Mapping